ISBN 978-3-662-24508-8 ISBN 978-3-662-26652-6 (eBook)
DOI 10.1007/978-3-662-26652-6
Softcover reprint of the hardcover 1st edition 1914

Kapital sind oder als Beteiligung an den Kleinbahnen Dritter (insbesondere an Akt.-Gesellschaften, Gesellschaften m. beschränkter Haftung usw.) M	in sonstiger Weise M	Belastung durch Übernahme einer Zinsbürgschaft v. H	für M	Jahresaufwand für die Belastung durch Sp. 3 usw. M	Die gegenüberstehende Jahreseinnahme beläuft sich auf M	Unterschied zwischen der Jahreseinnahme (Spalte 18) und dem Jahresaufwand (Spalte 17) Überschuß M	Zuschuß M	Summe d. im Kreise umlagefähigen Staatseinkommensteuer (einschl. d. herangezogenen fingierten Normalsteuersätze), Grund-, Gebäude- und Gewerbesteuer (einschl. der Betriebssteuer) Insgesamt M	Der Kreis erhebt in obengenanntem Etatsjahre an Kreissteuern in Prozenten der Staats- und staatlich veranlagten Steuern v. H.	Der Über- (oder Zu-)schuß — Sp. 19 (20) — beträgt in Prozenten des umlagefähigen Kreissteuersolls (Sp. 21) ± v. H.
13	14	15	16	17	18	19	20	21	22	28
Rheinprovinz (Schluß).										
.	.	.	.	126 021	112 678	.	13 343	2 612 277	190 d. Einkst., 197 d. Grund- u. Gebäudesteuer, 210 d. Gewerbe- u. d. Betriebsst.	— 0,50
.	.	.	.	146 880	.	.	[1]) 146 880	10 134 342	145 d. Einkst., 184,6 d. Grund- u Gebäudesteuer, 177 d. Gewerbesteuer	— 1,45
.	.	.	.	315 097	146 800	.	168 297	1 432 789	26	— 11,75
.	.	.	.	110 650	122 250	11 600	.	568 128	28½	+ 2,04
.	.	.	.	78 230	78 468	238	.	196 338	20	+ 0,12
.	.	.	.	73 156	54 000	.	19 156	420 917	30,89	— 4,55
.	.	.	.	45 814	45 814	.	.	434 663	26	.
.	.	.	.	45 840	[3]) 24 000	.	21 840	856 212	29	— 2,55
[5]) 512 500	.	.	.	36 401	17 937	.	18 464	361 187	17,37	— 5,11
.	.	.	.	184 433	40 000	.	144 433	1 409 767	23	— 10,25
.	.	.	.	55 293	57 336	2 043	.	956 000	200 d. Einkst., 193,44 d. Grund- u. Gebäudesteuer, 298 der Gewerbest., 100 d. Betriebssteuer	+ 0,21
.	.	.	.	50 016	2 890	.	47 126	1 047 820	4	— 4,50
.	177 013	.	.	76 325	[6]) 59 000	.	17 325	234 409	24	— 7,39
1 412 500	891 351	.	.	2 423 991	1 430 681	13 881	1 007 191	.	.	.
						.	993 310			
der Hohenzollernschen Lande.										
.	50 000	.	.	2 753	.	.	2 753	86 408	35	— 3,19
.	21 000	.	.	3 720	.	.	3 720	67 114	34 d. Einkst., 51 d. Realst.	— 5,54
.	74 000	.	.	4 507	.	.	4 507	166 225	28 d. Einkst., 42 d. Realst.	— 2,71
.	35 000	.	.	1 638	.	.	1 638	204 778	31	— 0,80
.	180 000	.	.	12 618	.	.	12 618	.	.	.

— [4]) Davon 32 345 M noch nicht verwendet. — [5]) Der Kreis hat tatsächlich eine Stammeinlage von 592 500 M, für 80 000 M hat er schaft.

Laufende No.	Bezeichnung des Kommunalverbandes (Kreis)	Belastung: durch Aufwendung eigener Geldmittel von M	Belastung: durch leihweise Beschaffung von Geldmitteln: im Betrage von M	Belastung: durch leihweise Beschaffung von Geldmitteln: zu v. H. Zinsen	Belastung: durch leihweise Beschaffung von Geldmitteln: zu v. H. Tilgung	Belastung: insgesamt (Sp. 3 und 4) M	Von dem in …: für Grunderwerb M	Von dem in …: zur Deckung des sonstigen Anlagekapitals der eigenen Kleinbahnen M
1	2	3	4	5	6	7	8	9
	Wiederholung							
1	Kreise der Provinz Ostpreußen	438 787	6 481 636	.	.	6 920 423	627 502	.
2	Kreise der Provinz Westpreußen	617 662	9 817 613	.	.	10 435 275	1 618 595	4 148 932
3	Kreise der Provinz Brandenburg	1 039 570	28 147 197	.	.	29 186 767	999 785	24 358 402
4	Kreise der Provinz Pommern	3 010 064	17 623 562	.	.	20 633 626	1 512 727	4 860 515
5	Kreise der Provinz Posen .	1 433 339	16 590 082	.	.	18 023 421	1 061 851	15 199 491
6	Kreise der Provinz Schlesien	258 942	9 629 878	.	.	9 888 820	1 035 957	734 157
7	Kreise der Provinz Sachsen	844 000	5 265 886	.	.	6 109 886	249 354	2 493 632
8	Kreise der Provinz Schleswig-Holstein	508 404	33 447 203	.	.	33 955 607	4 530 036	25 666 180
9	Kreise der Provinz Hannover	786 524	18 865 088	.	.	19 651 612	1 739 074	7 611 921
10	Kreise der Provinz Westfalen	11 110	22 880 928	.	.	22 892 038	2 612 385	11 528 253
11	Kreise der Provinz Hessen-Nassau	474 284	10 310 151	.	.	10 784 435	1 479 182	6 318 511
12	Kreise der Rheinprovinz . .	505 286	53 005 271	.	.	53 510 557	11 457 510	39 749 196
13	Kreise (Ober-Ämter) der Hohenzollernschen Lande	44 497	258 000	.	.	302 497	122 497	.
	Gesamtsumme	9 972 469	232 322 495	.	.	242 294 964	29 046 455	142 699 190

Gesetzgebung.

Preußen.

Erlaß des Ministers der öffentlichen Arbeiten und des Ministers des Innern vom 15. Januar 1914 — $\frac{\text{M. d. ö. A. } \frac{47}{66}\,10\,\frac{121}{1694}}{\text{M. d. I. II}^{d}\ 86.}$ — an die Herren Regierungspräsidenten, den Herrn Polizeipräsidenten in Berlin, die Königlichen Eisenbahndirektionen und die Herren Eisenbahnkommissare, **betr. Ausführungsanweisung zum Kleinbahngesetz und Bau- und Betriebsvorschriften für nebenbahnähnliche Kleinbahnen mit Maschinenbetrieb sowie für Straßenbahnen mit Maschinenbetrieb.**

Es hat sich das Bedürfnis herausgestellt, die Betriebsvorschriften für nebenbahnähnliche Kleinbahnen mit Maschinenbetrieb vom 13. August 1898 (Min.-Blatt f. d. i. V. S. 177 und E. V. Bl. S. 245)[1]) umzuar-

[1]) Abgedruckt in der Zeitschrift für Kleinbahnen, 1898, S. 452 ff.

Spalte 7 angegebenen Kapital sind oder werden verwendet					Belastung durch Übernahme einer Zinsbürgschaft		Jahresaufwand für die Belastung nach Sp. 3 usw.	Die gegenüberstehende Jahreseinnahme beläuft sich auf	Unterschied zwischen der Jahreseinnahme (Spalte 18) und dem Jahresaufwand (Spalte 17)	
als Darlehen für die Kleinbahnen Dritter			als Beteiligung an den Kleinbahnen Dritter (insbesondere an Akt.-Gesellschaften, Gesellschaften m. beschränkter Haftung usw.)	in sonstiger Weise						
im Betrage von M	zu v. H. Zinsen	zu v. H. Tilgung	M	M	v. H.	für M	M	M	Überschuß M	Zuschuß M
10	11	12	13	14	15	16	17	18	19	20
(Nebenbahnähnliche Kleinbahnen).										
.	.	.	5 806 893	486 028	.	828 000 und bis zu 6 250 Jahreszuschüsse	316 689	70 412	.	246 277
.	.	.	4 264 000	403 748	.	491 000	450 744	152 516	.	298 228
.	.	.	3 569 000	259 580	.	1 345 956	1 221 368	691 884	16 954	546 438
.	.	.	13 652 859	607 525	.	350 000	932 429	356 338	22 492	598 583
190 000	.	.	1 425 000	147 079	.	2 165 000	855 020	491 422	45 908	409 506
1 105 000	.	.	6 785 000	228 706	.	1 100 000	426 647	256 952	10 026	179 721
.	.	.	3 358 500	8 400	.	25 000	273 140	96 526	1 790	178 404
.	.	.	3 086 000	673 391	.	.	1 596 290	434 184	462	1 162 568
50 000	.	.	10 164 300	86 317	.	913 000	752 434	409 688	2 284	345 030
1 243 000	.	.	7 498 000	10 400	.	1 353 950 und 3 625 Jahreszuschuß	1 085 689	580 372	11 244	516 561
350 000	.	.	2 522 944	83 798	.	.	439 192	106 623	.	332 569
.	.	.	1 412 500	891 351	.	.	2 423 991	1 430 681	13 881	1 007 191
.	.	.		180 000	.	.	12 618	.	.	12 618
2 938 000	.	.	63 544 996	4 066 323	.	8 571 906 und bis zu 9 875 Jahreszuschüsse	10 786 251	5 077 598	125 041	5 833 694
									.	5 708 653

[*Schluß folgt.*]

beiten und zu ergänzen. Insbesondere erschien es notwendig, die Vorschriften über die bauliche Anlage der Bahnen zu erweitern und sowohl diese Vorschriften als auch die den Betrieb betreffenden Bestimmungen, soweit angängig, in Anlehnung an die „Bau- und Betriebsvorschriften für Straßenbahnen mit Maschinenbetrieb" vom 26. September 1906 (Min.-Bl. f. d. i. Verw. S. 301 und E. V. Bl. S. 563)[1]) auszugestalten. Ferner erschien es geboten, genauere Bestimmungen einzufügen für die sich mehrenden Fälle, in denen bei dem Betriebe nebenbahnähnlicher Kleinbahnen elektrische Kraft zur Verwendung kommt, weiter bisher fehlende Bestimmungen über die zulässige Dienstdauer des Betriebspersonals zu treffen, Vorschriften über die Meldung von Betriebsunfällen und Betriebsstörungen zu geben u. a. m.

Wie bisher, sollen dabei Bestimmungen, die den Schutz des Kleinbahnverkehrs und das Verhalten der Fahrgäste betreffen, der polizeilichen Verordnung vorbehalten bleiben (vgl. das durch Runderlaß vom 2. August 1909 — $\frac{\text{M. d. ö. A. IV. A. 18. 949}}{\text{M. d. I. II d 1994}}$[1])

[1]) Abgedruckt in der Zeitschrift für Kleinbahnen, 1905, S. 725 ff.

[1]) Abgedruckt in der Zeitschrift für Kleinbahnen, 1909 S. 613 ff.

— mitgeteilte, durch Runderlaß vom 4. Juni 1913 — $\frac{\text{M. d. ö. A. IV. 47} \frac{121}{491}[1]}{\text{M. d. I. II d. 1448}}$ — teilweise abgeänderte Muster).

Dem eingangs erwähnten Bedürfnisse ist durch den Nachtrag zur Ausführungsanweisung vom 13. August 1898 und durch die die bisherigen Betriebsvorschriften — Anl. 3 dieser Anweisung — ersetzenden „Bau- und Betriebsvorschriften für nebenbahnähnliche Kleinbahnen mit Maschinenbetrieb“, beides vom heutigen Tage, Rechnung getragen. Von diesem Nachtrag und den neuen Bau- und Betriebsvorschriften liegen je — Abdrucke bei.

Gleichzeitig sind auch in den „Bau- und Betriebsvorschriften für Straßenbahnen mit Maschinenbetrieb“ vom 26. September 1906 die Bestimmungen für Triebwagen mit Explosions- und Verbrennungsmotoren — Abschnitt III C — auf Lokomotiven ausgedehnt und die Vorschriften über die Dienstdauer des Betriebspersonals im § 65 einer Änderung unterworfen worden. Der dadurch notwendig gewordene 2. Nachtrag zu den Bau- und Betriebsvorschriften für Straßenbahnen mit Maschinenbetrieb ist ebenfalls in — Abdrucken beigefügt.

[1] Abgedruckt in der Zeitschrift für Kleinbahnen, 1913, S. 595 ff.

Die beiden Nachträge und die Bau- und Betriebsvorschriften für nebenbahnähnliche Kleinbahnen werden durch den Reichs- und Staatsanzeiger, das Ministerialblatt für die gesamte innere Verwaltung, das Eisenbahn-Verordnungs-Blatt, das Zentralblatt der Bauverwaltung und die Zeitschrift für Kleinbahnen veröffentlicht werden und sind außerdem — vergl. die Bau- und Betriebsvorschriften für nebenbahnähnliche Kleinbahnen (§ 50[1]) und für Straßenbahnen (§ 70[1]) — in den Regierungs-Amtsblättern bekannt zu machen.

Die für sämtliche Regierungs-Amtsblätter erforderlichen Druckstücke der beiden Nachträge und der Bau- und Betriebsvorschriften für nebenbahnähnliche Kleinbahnen mit Maschinenbetrieb (Anl. 3 zur Ausführungsanweisung nebst Anhängen) werden hier hergestellt und von mir, dem mitunterzeichneten Minister des Innern, den Herren Regierungspräsidenten und dem Herrn Polizeipräsidenten in Berlin behufs Versendung mit den Amtsblättern in üblicher Weise zugestellt werden.

Der Nachtrag zur Ausführungsanweisung, die Bau- und Betriebsvorschriften für nebenbahnähnliche Kleinbahnen mit Maschinenbetrieb — Anl. 3 zur Ausführungsanweisung — und der 2. Nachtrag zu den Bau- und Betriebsvorschriften für Straßenbahnen mit Maschinenbetrieb treten mit dem 1. April 1914 in Kraft.

Nachtrag

zur Ausführungsanweisung vom 13. August 1898 zu dem Gesetz über Kleinbahnen und Privatanschlußbahnen vom 28. Juli 1892 — mit Gültigkeit vom 1. April 1914 ab. —

1. Zu § 5 Abs. 2 unter 1) wird, wie folgt, abgeändert:

1. für Bahnen, welche zum Betriebe mit Maschinenkraft eingerichtet und welche als nebenbahnähnliche Kleinbahnen (vgl. Einleitung und zu §§ 3 und 22) nach den Bau- und Betriebsvorschriften vom 15. Januar 1914 betrieben werden sollen.

2. Zu § 22 Abs. 4 wird, wie folgt, abgeändert:

Der Betrieb der nebenbahnähnlichen Kleinbahnen (vgl. Einleitung und zu § 3) regelt sich nach den durch den Minister der öffentlichen Arbeiten erlassenen, als Anlage (Anl. 3) dieser Ausführungsanweisung beigefügten Bau- und Betriebsvorschriften vom 15. Januar 1914, der Betrieb der Straßenbahnen (usw. wie bisher).

3. § 55 erhält folgende Fassung:

Diese Anweisung tritt unter Aufhebung der Anweisungen vom 22. August 1892 und 19. November 1892 (zu § 8 Abs. 1 und § 9 des Gesetzes) für die Erteilung neuer Genehmigungen (auch bei wesentlichen Änderungen im Sinne des § 2 des Gesetzes) sofort in Kraft. Auf schon genehmigte Kleinbahnen findet sie unbeschadet der konzessionsmäßigen Rechte der Unternehmer vom 1. Januar 1899 ab Anwendung. Hinsichtlich der Gültigkeit der Bau- und Betriebsvorschriften für nebenbahnähnliche Kleinbahnen — Anl. 3 — sowie der Bau- und Betriebsvorschriften für Straßenbahnen (städtische Straßenbahnen und diesen ähnliche Kleinbahnen) — Anl. 4 — sind, auch bei Genehmigung wesentlicher Änderungen im Sinne des § 2 des Gesetzes, die Bestimmungen dieser Vorschriften (Anl. 3 Abschnitt VI und Anl. 4 Abschnitt VI) maßgebend.

Berlin, den 15. Januar 1914.

Der Minister der öffentlichen Arbeiten.
v. Breitenbach.
Der Minister des Innern.
Im Auftrage: Freund.

Anlage 3.

Bau- und Betriebsvorschriften für nebenbahnähnliche Kleinbahnen mit Maschinenbetrieb.

(Einleitung Abs. 3 und zu § 3 Abs. 2 der Ausführungsanweisung vom 13. August 1898 zu dem Gesetz über Kleinbahnen und Privatanschlußbahnen vom 28. Juli 1892.)

Inhaltsverzeichnis.

I. Zustand der Bahn.

§ 1.

Spurweite.

1. Für Vollspurbahnen soll die Spurweite im Lichten, zwischen den Schienenköpfen gemessen, in geraden Gleisen 1,435 m betragen, für Schmalspurbahnen 1,00 m oder 0,75 m oder 0,60 m.

2. Die Zulassung anderer Spurweiten in Ausnahmefällen regelt sich nach der Ausführungsanweisung zu § 9 A. Ziffer 5.

3. In Krümmungen darf die Spurerweiterung bei Vollspurbahnen das Maß von 35 mm, bei Schmalspurbahnen

mit 1,00 m Spurweite das Maß von 25 mm
„ 0,75 „ „ „ „ „ 20 „
„ 0,60 „ „ „ „ „ 18 „

nicht überschreiten, sofern die Fahrzeuge nicht für größere Spurerweiterung besonders eingerichtet sind.

4. Als Folge des Betriebs sind Verengerungen der vorgeschriebenen Spurweiten bis zu 3 mm, Erweiterungen bis zu 10 mm zulässig, niemals aber dürfen die durch Absatz 3 bestimmten Höchstmaße überschritten werden.

§ 2.

Längsneigung.

1. Die Längsneigung der Bahn soll bei Reibungsbahnen in der Regel das Verhältnis von 40 ‰ (1 : 25) nicht überschreiten.

Bei vollspurigen Zahnstangenbahnen, auf die Fahrzeuge von Haupt- und Nebenbahnen übergehen, soll die Längsneigung nicht über 100 ‰ (1 : 10), bei den anderen Zahnstangenbahnen in der Regel nicht über 250 ‰ (1 : 4) betragen. Stärkere Neigungen sind zulässig. Es sind jedoch in solchen Fällen ergänzende, von den Ergebnissen eines Probebetriebs abhängig zu machende Sicherheitsvorschriften, deren Festsetzung durch die eisenbahntechnische Aufsichtsbehörde zu erfolgen hat, zu erlassen.

2. Das Neigungsverhältnis der zur Aufstellung von Zügen und Wagen dienenden Bahnhofsgleise, zu denen auch die Gleise der Ladestellen auf freier Strecke zu rechnen sind, darf nicht mehr als 2,5 ‰ (1 : 400) betragen, jedoch dürfen Ausweichgleise in die stärkere Neigung der freien Strecke eingreifen.

Ausnahmen können von der eisenbahntechnischen Aufsichtsbehörde zugelassen werden.

3. Neigungswechsel sind nach einem Kreisbogen von mindestens 1000 m Halbmesser auszurunden. Der Halbmesser ist auf mindestens 2000 m zu vergrößern, wenn die Bahn mit mehr als 30 km Geschwindigkeit befahren werden soll, oder wenn der Neigungswechsel in einer Krümmung liegt. Bei Gleisen, die nicht auf eigenem Bahnkörper liegen, können Ausnahmen von der eisenbahntechnischen Aufsichtsbehörde zugelassen werden.

§ 3.

Krümmungen.

1. Der Halbmesser der Krümmungen soll bei Vollspurbahnen in den Gleisen, auf die Hauptbahnlokomotiven übergehen, nicht kleiner als 180 m, in den Gleisen, auf die sonstige Fahrzeuge der Haupt- und Nebenbahnen übergehen, nicht kleiner als 140 m, im übrigen nicht kleiner als 100 m, bei Schmalspurbahnen

mit 1,00 m Spurweite nicht kleiner als 50 m
„ 0,75 „ „ „ „ „ 40 „
„ 0,60 „ „ „ „ „ 30 „

sein.

2. Kleinere Halbmesser sind zulässig, wenn die Fahrzeuge derartig gebaut sind, daß sie Krümmungen mit kleinerem Halbmesser anstandslos durchfahren können.

3. In den durchgehenden Hauptgleisen[1]) sind zwischen geraden und gekrümmten Strecken Übergangsbogen einzulegen.

4. Entgegengesetzte Krümmungen der durchgehenden Hauptgleise sind durch eine Gerade zu verbinden, die zwischen den Endpunkten der Überhöhungsrampen (§ 4, 4) mindestens 10 m lang sein muß. Bei Gleisen, die nicht auf eigenem Bahnkörper liegen, können Ausnahmen von der eisenbahntechnischen Aufsichtsbehörde zugelassen werden.

§ 4.

Bahnkörper. Lage der Schienen. Gleisabstand.

1. Der eigene Bahnkörper muß so breit sein, daß der Schnitt der Böschung mit einer durch die Unterkante der nächsten Schiene gelegten Wagerechten von der Gleismitte

a) bei Vollspurbahnen mindestens 1,5 m,

[1]) Bemerkung. Hauptgleise sind die Gleise, die von geschlossenen Zügen im regelmäßigen Betriebe befahren werden. Durchgehende Hauptgleise sind die Hauptgleise der freien Strecke und ihre Fortsetzung durch die Bahnhöfe.

b) bei Schmalspurbahnen mindestens das um 0,10 m vergrößerte Maß der Spurweite entfernt ist.

2. Bei Vollspurbahnen auf eigenem Bahnkörper soll die Bettung mindestens 130 mm, bei Schmalspurbahnen mindestens 100 mm unter Schwellenunterkante hinabreichen.

Bei Zahnstangenstrecken soll dieses Maß mindestens 200 mm betragen.

3. Die winkelrecht gegenüberliegenden Punkte der Schienenoberkante müssen in geraden Strecken auf eigenem Bahnkörper mit Ausnahme der Überhöhungsrampen (Abs. 4) gleich hoch liegen.

In geraden Strecken auf Straßen mit Querneigung kann die eisenbahntechnische Aufsichtsbehörde eine ungleiche Höhenlage der Schienenoberkanten zulassen.

4. Die Überhöhung des äußeren Stranges gekrümmter Gleise auf eigenem Bahnkörper muß auf eine möglichst große Länge, mindestens aber auf das 300fache ihres Betrages auslaufen.

5. Bei Vollspurbahnen und bei solchen Schmalspurbahnen, auf die Fahrzeuge der Haupt- und Nebenbahnen übergehen, muß der Abstand der Gleise der freien Strecke mindestens 3,5 m von Gleismitte zu Gleismitte betragen.

Bei Schmalspurbahnen, auf die Wagen der Haupt- und Nebenbahnen nicht übergehen, muß der Abstand der Gleise mindestens gleich der um 400 mm vermehrten größten Fahrzeugbreite oder der größten Ladebreite sein, wenn diese größer als die größte Fahrzeugbreite ist.

6. Auf Stationen von Vollspurbahnen, auf die Fahrzeuge der Haupt- und Nebenbahnen übergehen, muß der Gleisabstand mindestens 4 m betragen. Auf Stationen von Vollspurbahnen, auf die Fahrzeuge der Haupt- und Nebenbahnen nicht übergehen, und auf Stationen von Schmalspurbahnen soll der Gleisabstand mindestens gleich der um 600 mm vermehrten größten Fahrzeugbreite oder größten Ladebreite sein, wenn diese größer als die größte Fahrzeugbreite ist.

Bei Gleisen, zwischen denen Personen aus- und einsteigen, ist als Maß der Vermehrung nicht 600 mm, sondern 1350 mm anzunehmen.

§ 5.

Wasserstationen und Wasserkräne.

Bei Bahnen mit Dampfbetrieb sind Einrichtungen für die Wasserentnahme in dem Maße zu schaffen, daß der Bedarf an Speisewasser jederzeit ausreichend gedeckt werden kann. Die Ausgüsse an Wasserkränen müssen bei Vollspurbahnen mindestens 2,85 m, bei Schmalspurbahnen mindestens 2,30 m über Schienenoberkante liegen.

§ 6.

Oberbau und Brücken.

1. Die Tragfähigkeit des Oberbaues ist nach dem auf der Bahn vorkommenden größten Raddruck unter Berücksichtigung der zugelassenen höchsten Fahrgeschwindigkeit zu bemessen.

Die eisenbahntechnische Aufsichtsbehörde entscheidet, ob der Oberbau den hiernach zu stellenden Ansprüchen genügt.

2. Die Tragfähigkeit der eisernen Brücken muß den größten auf der Bahn vorkommenden Verkehrslasten entsprechen.

Es sind alljährlich einfache Prüfungen und in zehnjährigen Zwischenräumen Hauptprüfungen der Brücken mit eisernem Überbau nach den staatlichen Vorschriften vorzunehmen und die Ergebnisse in Brückenbücher nach staatlichem Muster einzutragen. Mit den Hauptprüfungen sind nötigenfalls bei den Brücken von mehr als 10 m Stützweite Probebelastungen zu verbinden.

§ 7.

Umgrenzung des lichten Raumes.

1. Vollspurbahnen:

a) Es ist ein lichter Raum mindestens nach der in Anhang A gezeichneten Umgrenzung offen zu halten. Dabei ist in Krümmungen auf die Spurerweiterung und die Gleisüberhöhung Rücksicht zu nehmen.

b) Für Zahnstangenstrecken wird die Umgrenzung nach a) zwischen den Schienen nach der in Anhang A strichpunktiert gezeichneten Linie in einer Breite von 500 mm und einer Höhe von 50 mm eingeschränkt.

c) Der Abstand von 150 mm (Anhang A) zwischen Schieneninnenkante und festen Gegenständen, die außerhalb des Gleises bis zu 50 mm über Schienenoberkante hervorragen, kann auf 135 mm eingeschränkt werden, wenn der Gegenstand mit der Fahrschiene fest verbunden ist.

d) Der Abstand von 67 mm (Anhang A) zwischen Schieneninnenkante und festen Gegenständen innerhalb des Gleises kann gegen die Mitte von Zwangschienen

bei den Zwangschienen der Weichen und Kreuzungen bis auf 41 mm, bei anderen Zwangschienen mit Genehmigung der eisenbahntechnischen Aufsichtsbehörde bis auf 45 mm

eingeschränkt werden.

In gekrümmten Gleisen ist auf die Spurerweiterung, soweit erforderlich, Rücksicht zu nehmen.

e) Die Tiefe von 38 mm des freien Raumes neben der Schieneninnenkante (Anhang A) muß bei stärkster Abnutzung der Schienen voll vorhanden sein.

f) Von den Bestimmungen zu 1. a) sind die Tore der Lokomotiv- und Wagenschuppen ausgenommen. Weitere Ausnahmen von den Bestimmungen zu 1. a) kann die eisenbahntechnische Aufsichtsbehörde bei Bahnen, die nur dem Güterverkehr dienen, und bei Ladegleisen zulassen.

2. Schmalspurbahnen:

a) Für solche Schmalspurbahnen, auf die Güterwagen der Vollspurbahnen vermittels besonderer Fahrzeuge (Rollschemel) übergehen, ist die Umgrenzung des lichten Raumes nach 1. a) von der Unterkante der Radlaufkreise des auf dem Rollschemel stehenden Vollspurwagens ab gerechnet einzuhalten.

Die eisenbahntechnische Aufsichtsbehörde kann jedoch eine Einschränkung der so bestimmten Maße genehmigen, wenn der Nachweis erbracht wird, daß nur solche Wagen und Ladungen befördert werden, die eine Einschränkung zulassen.

b) Für Schmalspurbahnen, auf die Fahrzeuge der Vollspurbahnen nicht übergehen, ist die Umgrenzung des lichten Raumes nach den zu verwendenden Fahrzeugen von der eisenbahntechnischen Aufsichtsbehörde festzusetzen. Dabei gelten die Maße des Anhangs B als Mindestmaße.

In Krümmungen ist auf die Spurerweiterung und die Gleisüberhöhung Rücksicht zu nehmen.

c) Für Zahnstangenstrecken ist die durch die Zahnstange bedingte Einschränkung der Umgrenzung des lichten Raumes für den Einzelfall festzusetzen.

3. Für die Lage der Fahrleitungen bei elektrisch betriebenen Voll- und Schmalspurbahnen gelten die Bestimmungen im § 27 c und e der als Anhang E beigefügten, vom Verbande Deutscher Elektrotechniker e. V. herausgegebenen Sicherheitsvorschriften für elektrische Straßenbahnen und straßenbahnähnliche Kleinbahnen mit dem Zusatze, daß die Umgrenzung des lichten Raumes von Teilen der Leitungsanlage völlig freizuhalten ist.

Etwaige Änderungen und Ergänzungen dieser Verbandsvorschriften treten erst nach Einführung durch den Minister der öffentlichen Arbeiten in Geltung.

§ 8.

Einfriedigungen. Schranken.

Einfriedigungen zwischen der Bahn und ihrer Umgebung, sowie Schutzwehren und Schranken an Wegen und Wegübergängen sind herzustellen, wenn ungünstige örtliche Verhältnisse oder die Fahrgeschwindigkeit sie notwendig erscheinen lassen.

§ 9.

Abteilungszeichen. Neigungszeiger.

1. Die Bahn ist in Abschnitten von 1000 m mit Abteilungszeichen zu versehen.

2. Das Verhältnis der Neigungen ist an den Enden der Strecken, wo die Verbindungslinie zweier 500 m voneinander entfernter Punkte der Bahn stärker als 10 ‰ (1 : 100) geneigt ist, ersichtlich zu machen.

3. Anfang und Ende von Krümmungen mit einem kleineren Halbmesser

als 180 m bei 1,435 m Spurweite
„ 100 „ „ 1,00 „ „
„ 80 „ „ 0,75 „ „
„ 60 „ „ 0,60 „ „

sind auf denjenigen Strecken zu bezeichnen, die mit mehr als 20 km Geschwindigkeit in der Stunde befahren werden.

4. Vor Wegübergängen ohne Schranken sind, wenn die Aufsichtsbehörden es für erforderlich erachten, Kennzeichen aufzustellen, die dem Maschinenführer die Annäherung an den Übergang anzeigen.

5. Ausnahmen von den Bestimmungen in 1., 2. und 3. kann die eisenbahntechnische Aufsichtsbehörde zulassen.

§ 10.

Bahnkreuzungen.

Die zur Wahrung der Betriebssicherheit zu stellenden Bedingungen, unter denen schienengleiche Kreuzungen der Kleinbahnen untereinander zu genehmigen sind, werden in jedem Einzelfall besonders festgesetzt. Eine Änderung dieser Bedingungen nach den im Betrieb zu sammelnden Erfahrungen bleibt den Aufsichtsbehörden vorbehalten.

Wegen der Kreuzung von Kleinbahnen mit Haupt- und Nebenbahnen vgl. § 13 der Eisenbahn-Bau- und Betriebs-Ordnung vom 4. November 1904.

§ 11.

Telegraph. Fernsprecher.

Die Zugfolgestellen sind durch Telegraph oder Fernsprecher zu verbinden.

Ausnahmen können von der eisenbahntechnischen Aufsichtsbehörde zugelassen werden.

§ 12

Signale.

1. a) Die Form der Signale muß, soweit es sich um Signale der Eisenbahn-Signalordnung handelt, deren Vorschriften entsprechen. Für Farbensignale dürfen nur die in der Eisenbahn-Signalordnung vorgesehenen Farben verwendet werden.
   b) Zur Erteilung von Signalen, die in der Signalordnung nicht vorgesehen sind, dürfen die Formen der Signalordnung nicht benutzt werden.

2. Zwischen zusammenlaufenden Gleisen muß ein Merkzeichen angebracht sein, das angibt, bis wohin ein Gleis besetzt werden kann, ohne daß die Bewegungen auf dem andern gefährdet werden.

Ausnahmen können von der eisenbahntechnischen Aufsichtsbehörde bei Gleisen in Straßen und Wegen zugelassen werden.

II. Stromerzeugungs-, Umformer- und Werkstättenanlagen.

§ 13.

Genehmigung und Überwachung.

Alle Stromerzeugungs-, Umformer- und Werkstättenanlagen, wenn sie genehmigungspflichtige Bestandteile des Bahnunternehmens bilden und als solche ausschließlich oder teilweise Strom zu Bahnzwecken liefern oder zur betriebssicheren Unterhaltung der Bahn und deren Betriebsmittel dienen, sind derart herzustellen und zu unterhalten, daß die größtmögliche Sicherheit im Betrieb, einschließlich des Arbeiterschutzes, erreicht wird, und, sofern es die Rücksicht auf die Betriebssicherheit und den Arbeiterschutz erfordert, gemäß der Entwicklung der Technik zu verbessern.

Sie müssen zu jeder Zeit genügende Hilfsmittel haben, um auch bei stärkerem Verkehr und ungünstigen Verkehrsanhäufungen und dergleichen den Bahnbetrieb in vollem Umfang aufrechterhalten zu können. Auch bei Maschinenschäden müssen die Reserven ausreichen, um den fahrplanmäßigen Werktagsverkehr bewältigen zu können.

§ 14.

Anschluß elektrischer Bahnbetriebe an bestehende Licht- und Kraftanlagen.

Wenn der Bahnunternehmer die zur Betriebsführung erforderliche elektrische Arbeit nicht selbst erzeugt, so hat er der eisenbahntechnischen Aufsichtsbehörde den Nachweis zu erbringen, daß die in Betracht kommende Licht- und Kraftanlage im Sinne der im § 13 gestellten Forderung genügend leistungsfähig ist. Er bleibt für diese Forderung auch während des Betriebs verantwortlich.

Der Unternehmer hat in diesem Falle dafür zu sorgen, daß sowohl ihm wie der eisenbahntechnischen Aufsichtsbehörde das Recht gewahrt bleibt, die Anlage jederzeit zu besichtigen und die Einführung von Verbesserungen herbeizuführen, die im Interesse der Sicherheit des Betriebs und der Wahrung der Interessen des öffentlichen Verkehrs notwendig sind.

Erzeugen solche Kraftanlagen Ströme verschiedener Spannung, so hat der Bahnunternehmer vom Besitzer des Kraftwerks zu fordern, daß die zugehörigen Leitungsnetze unter allen Umständen voneinander getrennt bleiben.

III. Fahrzeuge.

§ 15.

Beschaffenheit der Fahrzeuge.

Die Fahrzeuge müssen so beschaffen und unterhalten sein, daß sie mit der größten dafür zugelassenen Geschwindigkeit ohne Gefahr bewegt werden können (§ 40).

§ 16.

Umgrenzung der Fahrzeuge.

1. Bei Vollspurbahnen dürfen die festen Teile der Fahrzeuge, mit Ausnahme von Stromabnehmern, bei Mittelstellung im geraden Gleise höchstens die Umgrenzung nach Anhang C erreichen.

2. Bei Schmalspurbahnen sollen die festen Teile der Fahrzeuge, mit Ausnahme von Stromabnehmern, bei Mittelstellung im geraden Gleise von 100 mm bis 1000 mm über Schienenoberkante überall einen Abstand von mindestens 30 mm, über 1000 mm hinaus einen Abstand von mindestens 100 Millimeter von der nach § 7 (2. b) festzusetzenden Umgrenzung des lichten Raumes haben.

3. Ausnahmen von den Bestimmungen in 1. und 2. kann die eisenbahntechnische Aufsichtsbehörde zulassen.

§ 17.

Räder.

1. Die Räder müssen Spurkränze haben. Sind aber drei oder mehr Achsen in demselben Rahmen gelagert, so können die Spurkränze unverschiebbarer Mittelräder weggelassen werden, wenn diese unter allen Umständen eine genügende Auflage auf den Schienen finden. Das Höchstmaß für die Abnutzung der Spurkränze wird von der eisenbahntechnischen Aufsichtsbehörde festgesetzt.

2. Die Stärke der Radreifen muß an Lokomotiven und Triebwagen bei einem Raddruck bis höchstens 3 t mindestens 16 mm, bei größerem Raddruck mindestens 18 mm betragen, bei allen übrigen Fahrzeugen können die Radreifen bis auf 14 mm abgenutzt werden. Die Stärke der Radreifen ist in der senkrechten Ebene des Laufkreises zu messen, die für 1,435 m, 1,00 m, 0,75 m, 0,60 m Spurweite zu 750, 525, 400, 325 mm von der Achsmitte entfernt anzunehmen ist.

Bei Rädern, deren Reifen durch eine Befestigungsnute unter der der Abnutzung unterliegenden Fläche geschwächt sind, müssen die bezeichneten Maße noch an der schwächsten Stelle innegehalten werden.

3. Die Zulässigkeit von Rädern mit angegossenen Laufflächen, und die Grenze, bis zu der solche und ihre Spurkränze abgenutzt werden dürfen, bestimmt die eisenbahntechnische Aufsichtsbehörde.

§ 18.

Untergestelle. Achsen. Radstand.

Die Untergestelle sämtlicher Fahrzeuge, mit Ausnahme der nur in Arbeits- oder Güterzügen mit einer Fahrgeschwindigkeit von höchstens 20 km in der Stunde laufenden Wagen, müssen gegen die Achsen abgefedert sein. Bei vierachsigen Fahrzeugen sind die Drehgestelle so einzurichten, daß sie sich in Gleiskrümmungen leicht einstellen. In jedem Falle ist der Radstand so zu bemessen, daß die stärksten auf der Bahn vorkommenden Krümmungen anstandslos durchfahren werden können.

§ 19.

Zug- und Stoßvorrichtungen.

1. Die Lokomotiven mit Schlepptender müssen vorn, die Tender hinten, alle übrigen Fahrzeuge, mit Ausnahme der nur in Arbeits- oder Güterzügen mit einer Fahrgeschwindigkeit von höchstens 20 km in der Stunde laufenden Wagen, an beiden Enden mit federnden Zug- und Stoßvorrichtungen versehen sein.

2. Zwei Wagen, die im Betrieb dauernd verbunden bleiben, gelten als ein Fahrzeug.

§ 20.

Bremsen.

1. Bremskurbeln müssen so eingerichtet sein, daß die Bremsen durch Drehen der Kurbel nach rechts angezogen werden.

2. Tenderlokomtiven, Tender und Triebwagen müssen mit einer Handbremse versehen sein, auch wenn sie andere Bremsvorrichtungen haben.

3. Die mit durchgehender Bremse versehenen Wagen müssen mit einer den Vorschriften des § 31 entsprechenden Anzahl auch für die Bedienung der Bremsen von Hand eingerichtet sein.

4. Die im Personenzugdienst verwendeten Lokomotiven und Triebwagen müssen außer der Handbremse mit einer mechanisch (durch Luft- oder Dampfdruck, elektrisch oder elektromagnetisch) wirkenden Bremse versehen sein. Ausnahmen können von der eisenbahntechnischen Aufsichtsbehörde zugelassen werden.

5. Der eisenbahntechnischen Aufsichtsbehörde bleibt es vorbehalten, besondere Anforderungen an die Bremsen zu stellen.

§ 21.

Bezeichnung der Fahrzeuge.

Jedes Fahrzeug muß außen deutlich sichtbare Bezeichnungen haben, aus denen zu ersehen ist:

a) die Eigentumsbahn,
b) die Ordnungsnummer oder — bei Lokomotiven — gegebenenfalls der Name; bei Personenwagen muß die Ordnungsnummer an jeder Seitenwand und im Innern eines jeden Abteils angebracht sein,
c) bei allen Wagen das eigene Gewicht einschließlich der Achsen und Räder und ausschließlich der losen Ausrüstungsgegenstände,
d) bei Güter- und Gepäckwagen das Ladegewicht und die Tragfähigkeit,
e) bei allen Wagen der Radstand, und zwar bei Drehgestellwagen der Abstand der Drehzapfen und der Radstand der Drehgestelle in Metern,
f) der Zeitpunkt der letzten Untersuchung, und zwar bei Dampflokomotiven und Dampftriebwagen der Zeitpunkt der letzten äußeren und der letzten inneren Untersuchung (§ 23, 2. und 9.), bei elektrischen Lokomotiven, elektrischen Triebwagen, Triebwagen mit Verbrennungsmotoren, Tendern und Wagen der Zeitpunkt der letzten Hauptuntersuchung (§ 23, 10.).

Außerdem ist an den Lokomotiven und Triebwagen anzugeben:

g) der Name des Fabrikanten,
h) die Fabriknummer,
i) das Jahr der Anfertigung,
k) die größte nach Maßgabe der Bauart zulässige Geschwindigkeit.

§ 22.

Ausrüstung der Lokomotiven und Triebwagen.

1. Dampfkessel müssen folgende Ausrüstung erhalten:

a) ein Speiseventil, das bei Abstellung der Speisevorrichtung durch den Druck des Kesselwassers geschlossen wird,
b) zwei voneinander unabhängige Vorrichtungen zur Speisung, wovon jede für sich imstande ist, dem Kessel während der Fahrt die erforderliche Wassermenge zuzuführen, und wovon eine auch beim Stillstand der Lokomotive oder des Triebwagens arbeiten kann,
c) ein Wasserstandsglas und eine zweite, mit dem Kessel in gesonderter Verbindung stehende Vorrichtung zur Erkennung des Wasserstandes,
d) Marken des festgesetzten niedersten Wasserstandes am Wasserstandsglas und an der Kesselwandung, die mindestens 100 mm über dem höchsten, wasserbesetzten Punkte der Feuerbuchse liegen müssen,
e) zwei Sicherheitsventile, wovon mindestens das eine so eingerichet ist, daß seine Belastung nicht über das bestimmte Maß gesteigert werden kann. Die Sicherheitsventile sind so einzurichten, daß sie vom gespannten Dampfe nicht weggeschleudert werden können, wenn eine unbeabsichtigte Entlastung der Ventile eintritt. Sie sollen mindestens 3 mm Hubhöhe haben,
f) ein Manometer, das den Dampfdruck fortwährend anzeigt und auf dessen Zifferblatt die festgesetzte höchste Dampfspannung durch eine unverstellbare, in die Augen fallende Marke bezeichnet ist,
g) eine Vorrichtung zum Anschluß eines Prüfungsmanometers,
h) ein metallenes Fabrikschild, worauf die festgesetzte höchste Dampfspannung, der Name des Fabrikanten, die Fabriknummer und das Jahr der Anfertigung angegeben und das so am Kessel zu befestigen ist, daß es auch nach der Ummantelung sichtbar bleibt.

2. Lokomotiven und Triebwagen müssen mit einer Dampfpfeife oder einer anderen, zur Erteilung hörbarer Signale geeigneten Vorrichtung versehen sein.

3. Lokomotiven und Triebwagen müssen mit sicher wirkenden Sandstreuvorrichtungen ausgestattet sein.

4. An Lokomotiven und Triebwagen müssen vorn und hinten Bahnräumer angebracht sein. Zahnradmaschinen sollen außerdem mit Bahnräumern vor den Zahnrädern versehen sein. Die Form der Bahnräumer und ihren Höchstabstand von Schienenoberkante bestimmt die eisenbahntechnische Aufsichtsbehörde.

5. Wenn die Beschaffenheit des Heizstoffes es erfordert, müssen Lokomotiven und Triebwagen mit einem verschließbaren Aschkasten und einem Funkenfänger ausgerüstet werden.

6. Die Lokomotiven und Triebwagen einer Bahn, auf der Wegübergänge ohne

Schranken vorkommen, müssen mit einer Läutevorrichtung ausgerüstet sein.

7. Der Wassereinlauf an vollspurigen Tendern und Tenderlokomtiven darf nicht höher als 2,75 m, bei schmalspurigen nicht höher als 2,25 m über Schienenoberkante liegen. Vgl. § 5.

8. Auf jedem Führerstand muß eine Steuerungsvorrichtung, durch die die Geschwindigkeit geregelt und die Fahrrichtung umgekehrt werden kann, und eine Vorrichtung zum An- und Abstellen des Arbeitsmittels (Dampf, Brennstoffe, elektrischer Strom usw.) vorhanden sein.

9. Bei Fahrzeugen mit Verbrennungsmaschinen müssen Vorrichtungen vorhanden sein, durch die Explosionen und Brände verhindert werden.

§ 23.

Abnahme und Untersuchung der Fahrzeuge.

1. Sämtliche Fahrzeuge müssen den genehmigten Entwürfen entsprechen. Neue oder mit neuen Dampfkesseln versehene Lokomotiven und Triebwagen, ebenso wie neue Wagen, dürfen erst in Betrieb genommen werden, nachdem sie amtlich geprüft und sicher befunden sind.

2. Dampflokomotiven und Dampf-Triebwagen sind mindestens alle drei Jahre gründlich zu untersuchen. Diese Zeitabschnitte sind vom Tage der Inbetriebnahme nach beendeter Untersuchung bis zum Tage der Außerdienststellung zum Zwecke der nächsten Untersuchung zu rechnen.

3. Die Untersuchung (2.) muß sich auf alle Teile erstrecken. Dabei sind die Kesselverkleidung, die Lager und die Federn abzunehmen und die Radsätze herauszunehmen.

4. Dampfkessel sind außer bei den Untersuchungen nach 2. auch nach jeder umfangreicheren Ausbesserung zu untersuchen.

5. Bei der Abnahmeprüfung (1.) und den wiederkehrenden Untersuchungen (2. und 4.) ist der vom Mantel entblößte Kessel durch Wasserdruck zu prüfen. Der Probedruck muß den höchsten zulässigen Dampfüberdruck um fünf Atmosphären übersteigen. Er ist mit einem Prüfungsmanometer zu messen, das von Zeit zu Zeit auf seine Richtigkeit untersucht werden muß.

6. Kessel, die bei der Wasserdruckprobe (5.) ihre Form bleibend ändern, dürfen in diesem Zustand nicht in Dienst genommen werden.

7. Bei der Wasserdruckprobe (5.) sind auch die Manometer und Ventilbelastungen zu prüfen.

8. Der bei der Untersuchung als zulässig erkannte höchste Dampfüberdruck ist am Stande des Lokomotivführers zu verzeichnen.

9. Spätestens acht Jahre nach der Inbetriebnahme müssen Lokomotivkessel im Innern untersucht werden, wobei die Heizröhren zu entfernen sind. Nach spätestens je sechs Jahren ist diese Untersuchung zu wiederholen.

10. Elektrische Lokomotiven, elektrische Triebwagen und Triebwagen mit Verbrennungsmaschinen sind alle sechs Monate einer Untersuchung aller Teile zu unterziehen, die sich bei elektrischen Triebwagen namentlich auch auf die genügende Isolation der elektrischen Einrichtungen und den gebrauchsfähigen Zustand aller Apparate zu erstrecken hat.

11. Die nicht mit Dampf betriebenen Lokomotiven und Triebwagen sind mindestens alle zwei Jahre, Wagen und Tender mindestens alle drei Jahre einer eingehenden Hauptuntersuchung zu unterziehen. Hierbei ist der Wagenkasten hochzunehmen, die Achsen und Lager sind herauszunehmen und auf ihre genügende Stärke nachzumessen.

12. Über die ausgeführten Untersuchungen sämtlicher Fahrzeuge sind übersichtliche Aufschreibungen zu führen und diese bei den amtlichen Prüfungen vorzulegen.

IV. Sicherheitsvorschriften für elektrisch betriebene Bahnen.

§ 24.

Allgemeines.

Bei elektrischen Bahnen gelten für den Schutz vorhandener Reichs-Telegraphen- und Fernsprechleitungen die nebst Ergänzungen als Anhang D beigefügten „allgemeinen polizeilichen Anforderungen an neue elektrische Starkstromanlagen usw.“ und deren etwa später angeordnete Änderungen und Ergänzungen.

Im übrigen gelten, soweit nicht die vorgenannten „Anforderungen“ und § 7 (3) dieser Vorschrift anderes bestimmen, für die Kraftwerke, Hilfswerke, Leitungsanlagen, Fahrzeuge und sonstigen Betriebsmittel elektrischer Bahnen, deren Spannung 1000 Volt gegen Erde nicht übersteigt, die vom Verband Deutscher Elektrotechniker e. V. herausgegebenen, als Anhang E beigefügten Sicherheitsvorschriften für elektrische Straßenbahnen und straßenbahnähnliche Kleinbahnen. Etwaige Änderungen und Ergänzungen dieser Verbandsvorschriften treten erst nach Einführung durch den Minister der öffentlichen Arbeiten in Geltung.

Die Vorschriften finden auch auf die elektrische Ausrüstung der Fahrzeuge bei nichtelektrischem oder nicht rein elektrischem Betrieb Anwendung.

§ 25.

Bahnen mit Spannungen über 1000 Volt.

Soweit Bahnen mit höherer Spannung als 1000 Volt betrieben werden sollen, auf die die Sicherheitsvorschriften des Verbandes keine Anwendung finden, sind die erforderlichen Sicherheitsvorschriften bis auf weiteres von der eisenbahntechnischen Aufsichtsbehörde für jedes Unternehmen besonders festzusetzen.

V. Bahnbetrieb.

§ 26.

Unterhaltung, Untersuchung und Bewachung der Bahn. Schrankendienst.

1. Die Bahn ist so zu unterhalten, daß jede Strecke ohne Gefahr mit der größten für sie zugelassenen Geschwindigkeit befahren werden kann.

2. Bahnstrecken, wo die für gewöhnlich zugelassene Fahrgeschwindigkeit ermäßigt werden muß, sind durch Signale kenntlich zu machen.

3. Unbefahrbare Strecken sind, auch wenn kein Zug erwartet wird, durch Signale abzuschließen.

4. Der Bahnkörper mit seinen Gleisen muß innerhalb 24 Stunden mindestens einmal auf seinen ordnungsmäßigen Zustand untersucht werden, wenn die zulässige Geschwindigkeit mehr als 20 km beträgt. Bei geringerer Geschwindigkeit ist die Untersuchung mindestens jeden dritten Tag vorzunehmen.

Bei Bahnen mit Zahnstangenstrecken bestimmt die eisenbahntechnische Aufsichtsbehörde die Zahl der Untersuchungen, gleiches gilt hinsichtlich der Untersuchung der Fahrdrahtleitungen bei elektrisch betriebenen Bahnen.

5. Während der Vorüberfahrt der Züge, die schneller als 30 km in der Stunde fahren, müssen die verkehrsreichen Wegübergänge und solche unübersichtlichen Wegübergänge, wo besondere Vorsicht geboten ist, bewacht werden. Gleiches gilt für die mit Handschranken versehenen Wegübergänge bei jeder Zuggeschwindigkeit.

6. Die Übergänge der verkehrsreicheren, mit Handschranken versehenen, und aller etwa mit Zugschranken versehenen öffentlichen Wege sind bei Dunkelheit zu beleuchten, solange die Schranken geschlossen sind.

7. Die Wegschranken sind vor Ankunft der Züge zu schließen. Vor dem Schließen von Zugschranken ist zu läuten.

8. Schrankenwärter müssen mit den Mitteln zur Erteilung von Langsamfahr- und Haltsignalen, die Bediensteten, denen die Unterhaltung oder die Untersuchung der Bahn oder die Bewachung von Wegübergängen ohne Schranken obliegt, mit den Mitteln zur Erteilung von Haltsignalen an die Züge ausgerüstet sein.

§ 27.

Weichen.

Weichen brauchen nur bewacht und beleuchtet zu werden, soweit es die eisenbahntechnische Aufsichtsbehörde verlangt. In der Regel soll die Bewachung und Beleuchtung unter Verschluß gehaltener Weichen nicht verlangt werden.

§ 28.

Stillstehende Fahrzeuge.

1. Stillstehende Fahrzeuge sind gegen unbeabsichtigte Bewegung zu sichern.

Bei ungünstigen Neigungsverhältnissen der an die Stationen anschließenden Strecken sind nach dem Ermessen der eisenbahntechnischen Aufsichtsbehörde Einrichtungen zu treffen, die das Ablaufen von Fahrzeugen in die Streckengleise verhindern.

2. Lokomotiven und Triebwagen, die unter Dampf oder unter elektrischer Spannung stehen oder auf denen Maschinen in Bewegung sind oder von Unbefugten in Bewegung gesetzt werden können, müssen beaufsichtigt werden.

§ 29.

Fahrordnung.

Auf doppelgleisigen Strecken und auf Kreuzungsstationen der eingleisigen Strekken soll in der Regel das in der Fahrrichtung rechts belegene Gleis befahren werden.

§ 30.

Stärke der Züge.

Auf Vollspurbahnen sollen im allgemeinen nicht mehr als 80 Wagenachsen, auf Schmalspurbahnen von 1,00 m Spurweite nicht mehr als 60, von 0,75 m und 0,60 m

Spurweite nicht mehr als 50 Wagenachsen in einem Zuge laufen.

Mit Genehmigung der eisenbahntechnischen Aufsichtsbehörde können unter günstigen Verhältnissen größere Zugstärken zugelassen werden.

Ob und inwieweit eine Einschränkung der oben angegebenen Zahl der Wagenachsen stattfinden muß, hängt von der Art des Betriebs ab und ist von der eisenbahntechnischen Aufsichtsbehörde zu entscheiden. Diese trifft auch von Fall zu Fall Bestimmung über die Stärke der Züge auf Bahnen mit Zahnstangenstrecken.

§ 31.

Ausrüstung der Züge mit Bremsen.

1. Außer den Bremsen der arbeitenden Lokomotiven und ihrer Tender bei Dampfbetrieb, der arbeitenden Lokomotiven und der arbeitenden Triebwagen bei elektrischem oder andersartigem Betrieb müssen in den Zügen so viele bediente Bremsen vorhanden sein, daß mindestens die nach der folgenden Bremstafel zu berechnende Anzahl Wagenachsen gebremst werden kann.

Bremstafel.

Auf Neigungen		Bei einer Fahrgeschwindigkeit von						
		10	15	20	25	30	35	40
von ‰	vom Verhältnis	Kilometer in der Stunde müssen von je 100 Wagenachsen gebremst werden können						
0	1:00	6	6	6	6	8	11	15
1	1:1000	6	6	6	6	9	12	16
2	1:500	6	6	6	7	10	13	17
3	1:333	6	6	6	8	11	14	18
4	1:250	6	6	6	9	12	15	19
5	1:200	6	6	7	10	13	16	20
6	1:166	6	7	8	11	14	17	21
7	1:143	7	8	9	12	15	18	22
8	1:125	8	9	10	13	16	19	23
10	1:100	9	11	13	16	19	22	25
12	1:83	11	13	15	18	21	24	28
14	1:71	13	15	17	20	23	27	31
16	1:62	15	17	19	22	26	30	34
18	1:55	17	19	22	25	29	33	37
20	1:50	19	21	24	27	31	36	40
22	1:45	21	23	26	30	34	39	44
25	1:40	24	26	29	33	38	43	48
30	1:33	28	30	34	38	43	48	54
35	1:28	32	34	39	44	49	56	
40	1:25	37	39	44	50	56		

Bemerkung. Als bedient gilt eine Bremse, wenn sie von einem zugbegleitenden Bediensteten oder bei durchgehenden Bremsen von dem Maschinenführer in Tätigkeit gesetzt werden kann.

2. Für Geschwindigkeiten und Neigungen, die zwischen den in der Bremstafel aufgeführten liegen, gilt jedesmal die größte der dabei in Frage kommenden Bremszahlen.

3. Bei Zählung der Wagenachsen und bei Feststellung der Bremsachsen ist eine unbeladene Güterwagenachse als halbe Achse zu rechnen. Als unbeladen gilt eine Güterwagenachse nur dann, wenn der Wagen keinerlei Ladung trägt. Die Achsen von Personen-, Post- und Gepäckwagen und von im Zuge beförderten Zugmaschinen jeder Art und von leerlaufenden Tendern sind voll in Ansatz zu bringen.

4. Der bei Berechnung der Anzahl der zu bremsenden Wagenachsen sich etwa ergebende überschießende Bruchteil ist, wenn er größer ist als einhalb, stets als ein Ganzes zu rechnen, andernfalls zu vernachlässigen.

5. Die Anzahl der Bremsachsen muß in jeder Neigung (Steigung oder Gefälle) der Geschwindigkeit entsprechen, die ein Zug dort erreichen darf. Für eine Strecke, die ohne Wechsel in der Bremsbesetzung durchfahren wird, ist die die meisten Bremsachsen erfordernde Neigung maßgebend. Erreicht diese aber nirgends die Länge von 1000 m, so kann statt ihrer die Neigung der Verbindungslinie derjenigen beiden 1000 m voneinander entfernten Punkte der Bahn genommen werden, für die sich die größte Anzahl Bremsachsen ergibt.

6. Kommt auf einer Bahn eine stärkere Neigung (Steigung oder Gefälle) als 10 ‰ (1 : 100) von 500 m Länge und darüber vor, oder ist die Verbindungslinie der beiden Punkte der Bahn, die bei 500 m Entfernung den größten Höhenunterschied zeigen, stärker als 1 : 100 geneigt, so muß der letzte Wagen eine bediente Bremse haben.

Dahinter darf noch ein leerer beschädigter aber lauffähiger Wagen, der inmitten des Zuges nicht eingestellt werden kann, angehängt werden.

Ebenso darf, wenn auf der Bahn keine stärkere Neigung als 20 ‰ (1:50) vorkommt, ein nicht zur Personenbeförderung benutzter Wagen jeder Art ohne Bremse angehängt werden.

7. Über das Bremsen auf Bahnstrecken mit einer Neigung von mehr als 40 ‰ (1 : 25), auf Zahnstangenstrecken und auf Strecken von anderer, außergewöhnlicher Bauart und auf Strecken, wo die Züge durch die Schwerkraft oder durch stehende Maschinen bewegt werden, hat die eisenbahntechnische Aufsichtsbehörde besondere Vorschriften zu erlassen.

8. Personenzüge, die eine größere Geschwindigkeit als 30 km erreichen, müssen mit durchgehender Bremse ausgerüstet sein.

9. Den Stationsbediensteten und den Zugbediensteten ist schriftlich bekanntzugeben, der wievielte Teil der Wagenachsen auf jeder Strecke, die ohne Wechsel in der Bremsbesetzung durchfahren wird, bei der zulässig höchsten Fahrgeschwindigkeit des Zuges zu bremsen ist.

§ 32.

Zusammenstellung der Züge.

1. Bei der Zusammenstellung der Züge ist dafür zu sorgen, daß die Fahrzeuge ordnungsmäßig gekuppelt sind, die Belastung in den einzelnen Wagen tunlichst gleichmäßig verteilt ist, die nötigen Signale angebracht, die erforderlichen Bremsen bedienbar, bedient und möglichst gleichmäßig im Zuge verteilt sind.

2. Wagen mit leicht feuerfangenden Gegenständen dürfen nicht in unmittelbare Nähe der Dampflokomotiven oder der Wagen mit Ofenheizung gestellt werden. Offene Wagen mit solcher Ladung müssen mit einer Decke versehen sein.

3. Mit Pulver und anderen explosionsgefährlichen Gegenständen beladene Wagen dürfen auf der Verladestation, unterwegs und auf der Bestimmungsstation mit der Dampflokomotive nur bewegt werden, wenn sich zwischen ihnen und der Lokomotive mindestens vier nicht mit leicht feuerfangenden Gegenständen befrachtete Wagen befinden.

Als leicht feuerfangende Gegenstände im Sinne dieser Bestimmung sind Steinkohlen, Braunkohlen, Koks und Holz nicht zu betrachten.

Bei elektrischen Bahnen mit einer nicht als bruchsicher anzusehenden Oberleitung sind die mit Explosionsstoffen beladenen Wagen mit metallischen Schutzvorrichtungen zu versehen, durch die ein herabhängender Teil der Fahrleitung bei Berührung sicher geerdet wird.

4. An den Schluß der Züge dürfen nur Wagen gestellt werden, woran die Schlußsignale angebracht werden können.

§ 33.

Zugsignale.

1. Die Züge[1]) müssen Signale führen, die bei Tage den Schluß, bei Dunkelheit die Spitze und den Schluß erkennen lassen.

[1]) Bemerkung. Züge im Sinne dieser Vorschriften sind die auf die freie Strecke übergehenden, aus mehreren Fahrzeugen bestehenden Züge, einzeln fahrende Lokomotiven und Triebwagen.

2. Bei Annäherung eines Zuges an einen in Schienenhöhe liegenden unbewachten Wegübergang hat der Maschinenführer von der etwa gekennzeichneten Stelle an (§ 9, 4.) oder, wo Kennzeichen nicht angebracht sind, in angemessener Entfernung vom Übergang ab bis nach Erreichung des Überganges die Läutevorrichtung zu betätigen oder ein anderes Warnungszeichen zu geben. Dies hat auch zu geschehen, wenn Menschen oder Fuhrwerke auf der Bahn oder in unzulässiger Nähe der Bahn bemerkt werden.

Wird ein Zug nur geschoben, so hat der auf dem vordersten Fahrzeuge befindliche Bedienstete (§ 41, 1.) zu läuten oder sonstige geeignete Warnungssignale zu geben.

3. Der Maschinenführer muß die Signale geben können

a) Achtung,
b) Bremsen anziehen,
c) Bremsen lösen,

wenn er nicht selbst in der Lage ist, die Bremsen anzuziehen oder zu lösen.

4. Der Gebrauch der Dampfpfeife oder der Preßluftpfeife ist auf das unbedingt notwendige Maß zu beschränken. In der Nähe einer dem öffentlichen Verkehr dienenden Straße soll vorzugsweise die Läutevorrichtung der Maschine oder ein anderes Warnungszeichen zur Anwendung kommen. Auch ist das Öffnen der Zylinderhähne der Dampflokomotiven an solchen Stellen zu vermeiden.

§ 34.

Ausstattung der Züge.

In den Zügen sind Gerätschaften zum Gebrauch bei Unfällen, Beschädigungen usw. sowie in den zur Personenbeförderung dienenden Zügen Mittel zur ersten Hilfeleistung bei Verletzungen mitzuführen. Über Ausnahmen von dieser Bestimmung entscheiden die Aufsichtsbehörden.

§ 35.

Beleuchtung und Heizung der Personenwagen.

Die zur Beförderung von Personen benutzten Wagen sind bei Dunkelheit zu beleuchten und bei kalter Witterung zu heizen.

§ 36.

Bremsprobe.

Bevor ein mit durchgehender Bremse gefahrener Zug die Anfangsstation verläßt, ist eine Bremsprobe vorzunehmen, wenn sie nach Bauart der Bremse am stehenden Zuge möglich ist. Die Probe ist zu wiederholen, so oft der Zug getrennt oder ergänzt worden ist, es sei denn, daß nur Wagen am Schlusse abgehängt worden wären. Bei durchgehenden Bremsen, die die Bremsprobe am stehenden Zuge nicht zulassen, ist vor Beginn der Fahrt die Bremseinrichtung auf ihren ordnungsmäßigen Zustand zu untersuchen.

§ 37.

Zugpersonal.

1. Das Zugpersonal besteht aus dem Maschinenpersonal und aus dem Zugbegleitpersonal.

2. Die Führung der Maschine darf nur solchen Personen übertragen werden, die eine förmliche Prüfung abgelegt haben und sich durch ein Zeugnis darüber ausweisen können, daß sie die erforderliche technische Befähigung und Zuverlässigkeit besitzen.

3. Wenn die eisenbahntechnische Aufsichtsbehörde zustimmt, braucht bei Dampflokomotiven dem Führer ein Heizer nicht beigegeben zu werden, wenn Einrichtung getroffen ist, daß ein Bediensteter aus dem Zugbegleitpersonal während der Fahrt leicht zum Führerstande gelangen kann. Dieser Bedienstete muß verstehen, den Zug zum Halten zu bringen.

Über die Besetzung von anderen Lokomotiven und von Triebwagen bestimmt die eisenbahntechnische Aufsichtsbehörde im Einzelfall.

4. Das Zugpersonal ist während der Fahrt einem Bediensteten (dem Zugführer) zu unterstellen.

§ 38.

Mitfahren auf der Maschine.

Ohne Erlaubnis der zuständigen Bediensteten darf außer den dienstlich dazu berechtigten Personen niemand auf der Lokomotive, bei Triebwagen auf dem Führerstande mitfahren, wenn dieser als besonderer Abteil für den Führer hergerichtet ist.

§ 39.

Abfahrt der Züge.

1. Kein Zug darf ohne Auftrag des zuständigen Bediensteten von einer Station abfahren.

2. Kein zur Beförderung von Personen bestimmter Zug darf vor der im Fahrplan angegebenen Zeit abfahren.

3. Wenn auf der Bahn mit mehr als 15 km Geschwindigkeit gefahren wird, darf, abgesehen von Störungen (Abs. 5), kein Zug von einer Zugfolgestelle ab- oder durchgelassen werden, bevor festgestellt ist, daß der vorausgegangene Zug sich unter Deckung der nächsten Zugfolgestelle befindet.

Bei einfachen Betriebsverhältnissen können von der eisenbahntechnischen Aufsichtsbehörde Ausnahmen zugelassen werden.

Außerdem darf bei eingleisigem Betrieb kein Zug abgelassen werden, wenn nicht feststeht, daß das Gleis bis zur nächsten zur Kreuzung geeigneten Station durch einen Gegenzug nicht beansprucht ist.

4. Die Verständigung über die Zugfolge hat durch den Telegraphen oder den Fernsprecher zu erfolgen.

Ausnahmen können von der eisenbahntechnischen Aufsichtsbehörde zugelassen werden.

5. Ist die Verständigung zwischen den Zugfolgestellen gestört, so darf ein Zug abgelassen werden, wenn angenommen werden kann, daß der vorausgegangene Zug auf der nächsten Zugfolgestelle eingetroffen und ein Gegenzug auf demselben Gleise nicht zu erwarten ist. Die Geschwindigkeit des Zuges darf in diesem Falle 15 km nicht überschreiten.

Dem Maschinenführer ist die Störung bekanntzugeben.

§ 40.

Fahrgeschwindigkeit.

1. Die Fahrgeschwindigkeit darf bei Vollspurbahnen im allgemeinen 30 km in der Stunde nicht überschreiten. Eine höhere Geschwindigkeit bis zu 40 km können die Aufsichtsbehörden für Personenzüge mit durchgehender Bremse zulassen, wenn die Bahn eigenen Bahnkörper besitzt.

Bei Schmalspurbahnen darf die größte zulässige Geschwindigkeit im allgemeinen

bei 1,00 m	Spurweite	30 km	
„ 0,75 „	„	25 „	
„ 0,60 „	„	20 „	
„ Zahnstangenbahnen		15 „	

in der Stunde nicht übersteigen.

2. Größere Fahrgeschwindigkeiten, bei Vollspurbahnen bis zu 50 km, können mit Genehmigung des Ministers der öffentlichen Arbeiten zugelassen werden, sofern ein Verkehrsbedürfnis dafür nachweisbar ist. Über die in solchen Fällen zu treffenden besonderen Sicherheitsmaßnahmen bleibt die Entscheidung dem Minister der öffentlichen Arbeiten vorbehalten.

3. Die größte zulässige Geschwindigkeit ist bei Vollspurbahnen in Gefällen:

von 25 ‰ (1 : 40) 40 km
von 30 ‰ (1 : 33) 35 km
von 35 ‰ (1 : 28) 30 km
von 40 ‰ (1 : 25) 25 km,

wenn nicht etwa die für die einzelne Bahn festzusetzende Höchstgeschwindigkeit unter diesen Maßen bleibt.

Für Zwischengefälle ergibt sich die größte Geschwindigkeit durch Zwischenschaltung.

4. Die größte zulässige Geschwindigkeit ist bei Vollspurbahnen in Krümmungen

vom Halbmesser 180 m 40 km
„ „ 150 m 35 km
„ „ 120 m 25 km
„ „ 100 m 20 km.

wenn nicht etwa die für die einzelne Bahn festzusetzende Höchstgeschwindigkeit unter diesen Maßen bleibt.

Für Krümmungen zwischen den vorstehenden ergibt sich die größte Geschwindigkeit durch Zwischenschaltung.

5. Die größte zulässige Geschwindigkeit der Züge, die geschoben werden, ohne daß sich der Maschinenführer an der Spitze befindet (§ 41), ist in der Regel 15 km. Ausnahmen können von dem Minister der öffentlichen Arbeiten zugelassen werden.

6. Wenn ein Zeichen zum Langsamfahren gegeben ist oder ein Hindernis auf der Bahn bemerkt wird, ist die Fahrgeschwindigkeit in einem den Umständen angemessenen Grade zu ermäßigen.

7. Für Strecken, in denen eine Drehbrücke liegt oder die wegen scharfer Krümmungen, starker Neigungen oder aus einem sonstigen Grunde regelmäßig befahren werden müssen, ist die für die einzelne Zuggattung zulässige größte Geschwindigkeit von der eisenbahntechnischen Aufsichtsbehörde besonders zu bestimmen.

8. Sonderzüge, die den beteiligten Stationen und den nach § 26 etwa vorhandenen Bediensteten für Bewachung und Schrankenbedienung der Wegübergänge nicht rechtzeitig bekanntgegeben werden können, dürfen mit nicht mehr als 15 km Geschwindigkeit gefahren werden.

§ 41.

Schieben der Züge.

1. Züge ohne führende Maschine dürfen auf Reibungsbahnen nur geschoben werden, wenn sie nicht mehr als 40 Wagenachsen stark sind.

Beim Schieben ist das vorderste Fahrzeug mit einem dazu geeigneten Bediensteten zu besetzen (vgl. § 33, 2.). Wegen der Geschwindigkeit der Züge vgl. § 40, 5.

2. Für Zahnstangenbahnen werden die Bestimmungen über das Nachschieben der Züge von der eisenbahntechnischen Aufsichtsbehörde im Einzelfall getroffen.

3. Züge mit einer führenden Maschine dürfen nachgeschoben werden:

a) bei der Anfahrt in den Stationen,
b) auf stark steigenden Bahnstrecken einschließlich der etwa dazwischenliegenden, schwächer steigenden oder wagerechten Strecken,
c) in Notfällen überall.

4. Mit mehr als zwei Maschinen darf nicht nachgeschoben werden.

5. Züge mit Schemelwagen, die durch Steifkuppelung oder durch die Ladung selbst verbunden sind, dürfen auf freier Strecke nicht nachgeschoben werden.

§ 42.

Schneepflüge.

Schneepflüge auf eigenen Rädern oder Wagen zum Brechen des Glatteises dürfen bei Zügen, die mit mehr als 30 km Geschwindigkeit fahren, nicht vor die Zugmaschine gestellt werden.

§ 43.

Maßregeln bei Feuersgefahr im elektrischen Betrieb.

Bricht in einem elektrisch betriebenen Zuge Feuer aus, so müssen die Stromabnehmer sofort von der Leitung abgezogen werden.

§ 44.

Verfahren bei Leitungsdrahtbrüchen.

Bei Bahnen mit elektrischer Oberleitung ist über die bei Leitungsdrahtbrüchen zu treffenden Maßregeln eine Anweisung für das Bahnpersonal zu erlassen, die den Aufsichtsbehörden zur Genehmigung vorzulegen ist.

§ 45.

Betriebsunfälle und Störungen.

1. Über jeden Betriebsunfall hat der Betriebsleiter oder eine andere unter Zustimmung der Aufsichtsbehörden dazu bestimmte Person, unbeschadet eines etwaigen Eingreifens der Aufsichtsbehörden, eine Untersuchung zu veranlassen, den Tatbestand, wenn nötig, durch Vernehmung der Beteiligten, feststellen zu

lassen und die sich daraus ergebenden Maßnahmen zu treffen.

2. Meldung ist von ihm sofort zu erstatten:

I. an den Minister der öffentlichen Arbeiten über Unfälle, die besonderes Aufsehen erregen;

II. an die Staatsanwaltschaft und die Ortspolizeibehörde über alle Unfälle, bei denen
a) Menschen getötet oder schwer verletzt sind,
b) der Verdacht eines strafbaren Verschuldens an dem Unfall vorliegt;

III. an beide Aufsichtsbehörden:
a) über alle Unfälle, bei denen eine Tötung oder schwere Verletzung von Personen oder eine erhebliche Beschädigung der Bahnanlagen oder der eigenen Fahrzeuge stattgefunden hat,
b) über Betriebsstörungen von längerer als 24stündiger Dauer.

3. Über kleinere Betriebsstörungen und solche Unfälle, bei denen keine erheblichen Verletzungen von Personen und nur geringe Beschädigungen an den Bahnanlagen oder Fahrzeugen vorgekommen sind, ist den Aufsichtsbehörden zu den von ihnen festzusetzenden Fristen je eine Übersicht einzureichen.

4. Über sämtliche Unfälle und Betriebsstörungen ist ein nach der Zeitfolge geordnetes Verzeichnis zu führen, aus dem Zeit, Ort, Hergang, die erstatteten Meldungen und das darauf Veranlaßte genau zu ersehen sein müssen.

§ 46.

Betriebsleitung.

Die mit der Leitung des Unternehmens sowie mit der Leitung der Bahnunterhaltung und des Betriebs betrauten Personen und ihre Stellvertreter sind den Aufsichtsbehörden namhaft zu machen, auch sind eintretende Änderungen anzuzeigen.

Die nach dem Urteil der Aufsichtsbehörden für die Leitung der Bahnunterhaltung und des Betriebs nicht geeigneten Personen sind durch andere geeignete Personen alsbald zu ersetzen, vgl. § 48, 3.

§ 47.

Dienstaufsicht und Dienstanweisung.

1. Über alle im äußeren Betriebsdienst beschäftigten Bediensteten sind Nachweisungen zu führen, aus denen der Vor- und Zuname, das Alter, der Geburtsort, die Wohnung, der Tag der Annahme und des Austritts zu ersehen sind.

Ferner sind in diese Nachweise alle disziplinarischen und gerichtlichen Bestrafungen sowie sonstige Vorkommnisse aufzunehmen, die für die Frage der technischen Befähigung und Zuverlässigkeit von Erheblichkeit sind.

Diese Nachweise sind den Aufsichtsbehörden auf Verlangen zur Einsicht vorzulegen und dürfen während der Dauer der Beschäftigung weder unleserlich gemacht noch ohne behördliche Zustimmung ganz oder teilweise vernichtet werden. Die Richtigkeit der Nachweise hat der Unternehmer zu vertreten.

2. Den im äußeren Betriebsdienst angestellten Bediensteten sind über ihre Dienstverrichtungen und ihr gegenseitiges Dienstverhältnis schriftliche oder gedruckte Anweisungen zu geben. Die eisenbahntechnische Aufsichtsbehörde, der diese Anweisungen vorgelegt werden müssen, kann sie beanstanden, wenn sie die Betriebssicherheit der Bahn durch die Anweisungen nicht für gewahrt erachtet. Auch ist diese Behörde befugt, eine Prüfung der Bediensteten des äußeren Betriebsdienstes (§ 48) sowie die Entlassung derjenigen zu fordern, die nach ihrem Urteil technisch unfähig oder unzuverlässig sind.

3. Diese Befugnis der eisenbahntechnischen Aufsichtsbehörde ist in den Dienstverträgen vorzusehen.

4. Bei Ausübung ihrer Aufsicht wird sich die eisenbahntechnische Aufsichtsbehörde zu Entscheidungen, die die Entlassung von Bediensteten oder grundlegende, für den unveränderten Bestand des Unternehmens erhebliche Änderungen der bestehenden Anordnungen betreffen, des Einverständnisses des zuständigen Regierungs- (Polizei-) Präsidenten versichern oder — in dringenden Fällen — diesen nachträglich verständigen.

§ 48.

Befähigung der Bediensteten.

1. Alle den äußeren Betriebsdienst versehenden Bediensteten müssen mindestens 21 Jahre alt sein, körperlich für den Dienst geeignet sein, insbesondere ausreichendes Seh- und Hörvermögen besitzen und frei von auffallenden körperlichen Gebrechen sein. In angemessenen Zwi-

schenräumen hat eine Nachprüfung des Seh- und Hörvermögens stattzufinden.

Sie müssen die für den Dienst erforderliche Befähigung und Zuverlässigkeit durch eine förmliche Prüfung und, soweit sie im Fahrdienst tätig sein sollen, durch eine Probefahrt unter Aufsicht und Verantwortung einer von der eisenbahntechnischen Aufsichtsbehörde als dafür geeignet anerkannten Person dargetan haben.

2. Bei einfachen Verkehrsverhältnissen können die Aufsichtsbehörden eine niedrigere Altersgrenze — aber nicht unter 18 Jahre — für diejenigen Bediensteten des äußeren Betriebsdienstes festsetzen, die weder mit der Führung von Maschinen und Wagen betraut noch mit den Rechten und Pflichten eines Bahnpolizeibeamten (vgl. Ausführungsanweisung zu § 22 Abs. 7) ausgestattet werden sollen. Bezüglich aller nicht mit der Führung von Maschinen und Wagen befaßten Bediensteten können die Aufsichtsbehörden auch nachlassen, daß diese ihre Befähigung durch eine formlose Prüfung dartun.

3. Bedienstete, die sich als technisch unfähig oder unzuverlässig für ihren Dienst erwiesen haben, sind aus diesem Dienst zu entfernen.

§ 49.

Dienstdauer und Dienstpläne.

1. Die tägliche Dienstdauer (tatsächlich zu leistender Dienst) soll im monatlichen, unter Einschließung der Ruhetage zu berechnenden Durchschnitt für Maschinenpersonal nicht mehr als 11 Stunden, bei einfachen Verhältnissen nicht mehr als 12 Stunden, für Zugbegleitpersonal nicht mehr als 12 Stunden und für sonstiges Betriebspersonal nicht mehr als 13 Stunden betragen. Der Berechnung ist die Zahl der Kalendertage des Monats zugrunde zu legen. Dabei sind in den Dienst einzurechnen:

a) Pausen von geringerer Dauer als 30 Minuten,
b) die Dauer der Dienstbereitschaft (Reservedienst),
c) die Zeiten, in denen die Bediensteten vor Antritt des Dienstes zur Übernahme und nach Beendigung des Dienstes zur Abgabe der Geschäfte (Vorbereitungs- und Abschlußdienst) in Anspruch genommen werden.

2. Die einzelne Dienstschicht darf unter keinen Umständen mehr als 17 Stunden betragen.

3. Als Dienstschicht gilt der Zeitraum, der zwischen zwei Ruhezeiten liegt.

4. Dienstschichten von mehr als 15 bis zu 17 Stunden sind nur zulässig, wenn der Dienst besonders einfach ist und keine angestrengte Tätigkeit erfordert. Dabei muß der Dienst durch eine längere Pause unterbrochen werden, die bei Schichten über 16 Stunden mindestens vier Stunden zu betragen hat.

5. Als Ruhezeit gilt jeder von Dienst oder Dienstbereitschaft freie Zeitabschnitt, der in ununterbrochener Folge beträgt

a) bei dem Maschinenpersonal und dem Zugbegleitpersonal mindestens acht Stunden, wenn die Ruhe in der Heimat verbracht wird, mindestens sechs Stunden, wenn die Ruhe außerhalb der Heimat verbracht wird und dabei dem Personal in der Nähe der Bahn geeignete Schlaf- und Aufenthaltsräume zur Verfügung gestellt werden,
b) bei dem sonstigen Betriebspersonal mindestens acht Stunden.

6. Für das Maschinenpersonal darf die innerhalb einer Dienstschicht im Zugbeförderungsdienst zurückzulegende planmäßige Fahrzeit einschließlich derjenigen Aufenthalte auf den Stationen, während deren die Maschine nicht verlassen werden darf, keinesfalls mehr als zehn Stunden betragen.

7. Jedem im Betriebsdienst ständig beschäftigten Bediensteten sind monatlich mindestens zwei Ruhetage zu gewähren. Als Ruhetag gilt eine Dienstbefreiung von mindestens 24 zusammenhängenden Stunden. Fällt nicht einer der Ruhetage auf einen Sonntag, so ist den Bediensteten mindestens einmal im Monat ausreichende Gelegenheit zum Besuch des Gottesdienstes zu geben.

8. Über den Dienst des gesamten Betriebspersonals sind Dienstpläne aufzustellen, die eine genaue Nachprüfung ermöglichen, ob den vorstehenden Bestimmungen entsprochen ist. Die Pläne sind in den Diensträumen des Personals sichtbar auszuhängen oder auszulegen und den Aufsichtsbehörden auf Erfordern zur Einsicht vorzulegen.

VI. Schlußbestimmungen.

§ 50.

Gültigkeit der Bau- und Betriebsvorschriften.

1. Diese Bau- und Betriebsvorschriften werden durch den Reichs- und Staatsanzeiger, das Ministerialblatt für die innere Verwaltung, das Eisenbahn-Verordnungs-Blatt, das Zentralblatt der Bauverwaltung, die Zeitschrift für Kleinbahnen und die Amtsblätter der Königlichen Regierungen veröffentlicht und treten mit dem 1. April 1914 in Kraft.

2. Weitere Ausnahmen, als in diesen Vorschriften bereits als zulässig bezeichnet und von der zuständigen Aufsichtsbehörde festzusetzen sind, können von dem Minister der öffentlichen Arbeiten zugelassen werden, sofern ein Bedürfnis dafür nachgewiesen wird.

3. Auf bereits genehmigte Bahnen finden die vorstehenden Bau- und Betriebsvorschriften, unbeschadet der durch die Genehmigungsurkunde gewährleisteten Rechte des Unternehmers, Anwendung. Im übrigen können Abweichungen bestehen bleiben, soweit von der zuständigen Aufsichtsbehörde keine Änderung als notwendig verlangt wird.

Berlin, den 15. Januar 1914.

Der Minister der öffentlichen Arbeiten.
v. Breitenbach.

Anhang A zur Anlage 3.

Umgrenzung des lichten Raumes für Vollspurbahnen

für

die durchgehenden Hauptgleise und sonstigen Ein- und Ausfahrgleise der Personenzüge | **die übrigen Gleise**

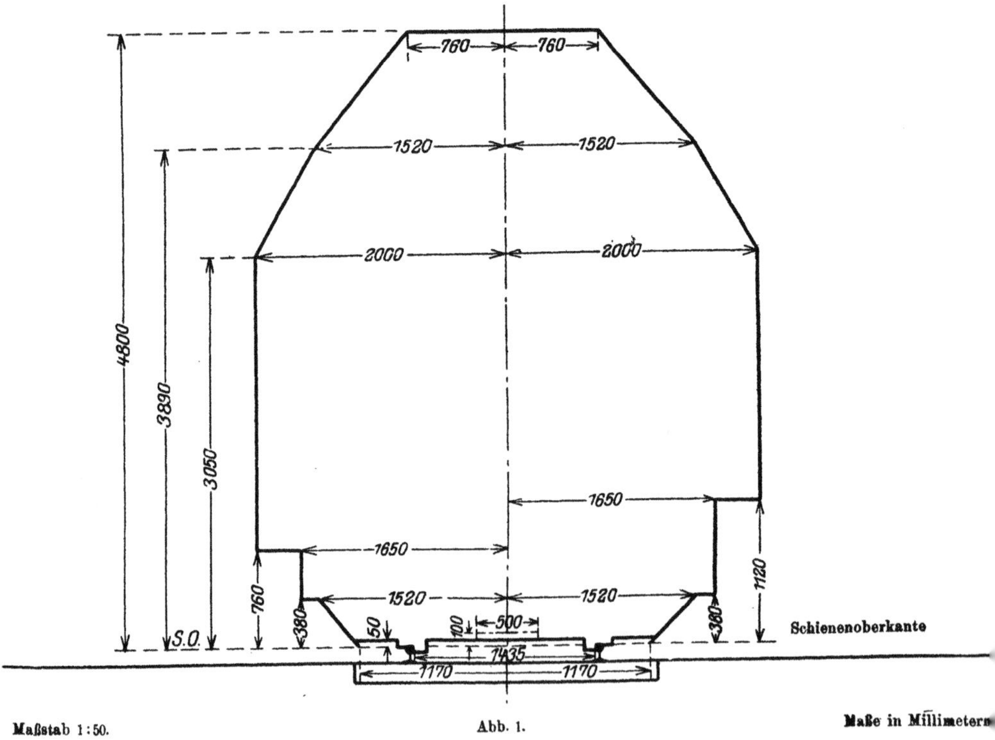

Maßstab 1:50. Abb. 1. Maße in Millimetern

Unterer Teil der Umgrenzung des lichten Raumes.

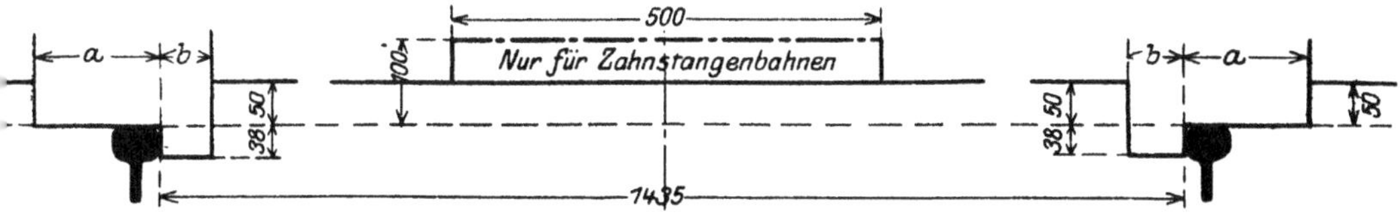

Maßstab 1:10.

Abb. 2. Abb. 4. Abb. 3. Zwangschienen der Weichen.

a = { 135 mm für unbewegliche, mit der Fahrschiene fest verbundene Gegenstände,
150 mm für alle übrigen unbeweglichen Gegenstände,

b = { 41 mm bei den Zwangschienen der Weichen und Kreuzungen,
45 mm bei anderen Zwangschienen mit Genehmigung der eisenbahntechnischen Aufsichtsbehörde.
67 mm für alle übrigen unbeweglichen Gegenstände.

Anhang B zur Anlage 3.

Umgrenzung des lichten Raumes für Schmalspurbahnen

Abb. 1
von 1 m Spurweite.

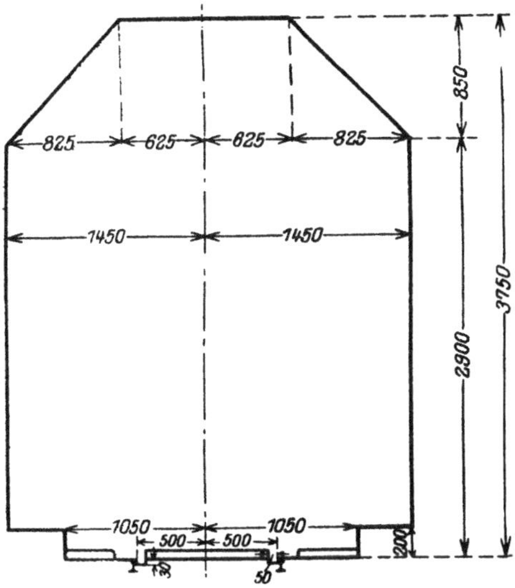

Abb. 2
von 750 und 600 mm Spurweite.

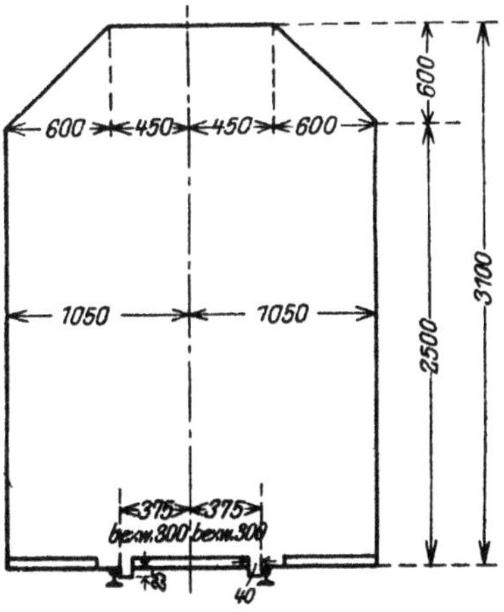

Maßstab 1:50. Maße in Millimetern.

Darstellung der Spurrinnen.

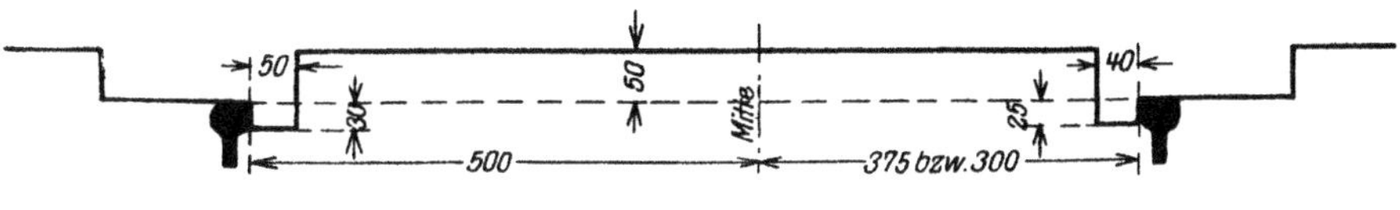

Maßstab 1:10. Maße in Millimetern.

Abb. 3.

Anhang C zur Anlage 3.

Umgrenzung der Fahrzeuge für Vollspurbahnen.

Lokomotiven und Tender. Wagen.

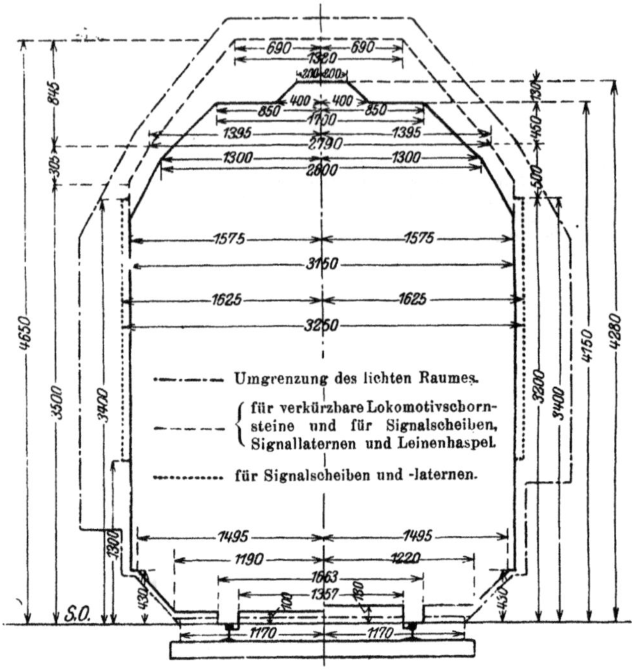

Maßstab 1 : 50. Maße in Millimetern.

Einschränkung der Umgrenzung

für Lokomotiven und Tender, für Wagen,

die auf Zahnstangenbahnen übergehen sollen.

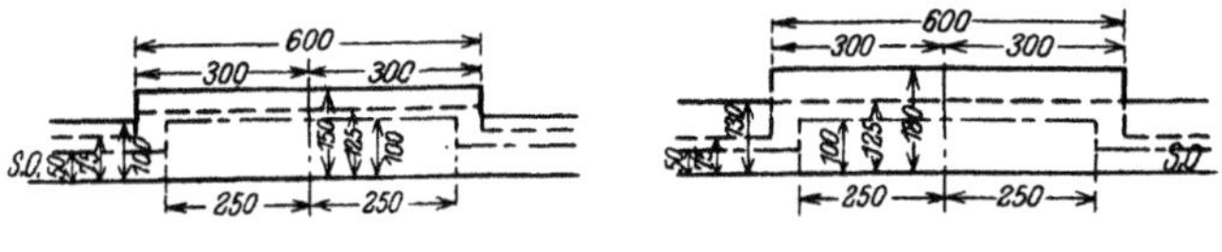

Maßstab 1 : 20.

—·—·— Umgrenzung des lichten Raumes.

------------ Umgrenzung für die dem Federspiele nicht folgenden beweglichen Teile der Lokomotiven und für die Kupplungen aller Fahrzeuge.

Anhang D zur Anlage 3.

Vorbemerkung.

Gemäß Erlaß vom 9. Mai 1910 $\frac{\text{IV. A. 18. 555. M. d. ö. A.}}{\text{II}^{\text{d}}\text{ 1326 M. d. I.}}$ (Zeitschr. f. Kleinb. 1910, Seite 405) sind die folgenden Anforderungen mit den am Schlusse gemachten Ergänzungen sinngemäß auch bei Genehmigung und Beaufsichtigung neuer elektrischer Kleinbahnen und ebenso von Veränderungen und Erweiterungen bestehender elektrischer Kleinbahnen zugrunde zu legen.

Allgemeine polizeiliche Anforderungen an neue elektrische Starkstromanlagen[1] — ausschließlich elektrischer Bahnen — zum Schutze vorhandener Reichs-Telegraphen- und Fernsprechleitungen.

Gemäß Erlaß vom 28. April 1909 —
III/VI. 297. D }
I/IV/V. D. 22 473/08 } M. d. ö. A.
II. d. 1188. M. d. I.

I. Anwendungsgebiet.

Die gegenwärtigen Bestimmungen finden mit den nachfolgenden Maßnahmen und Einschränkungen Anwendung auf neue elektrische Starkstromanlagen, die vorhandene Reichs-Telegraphen- oder Fernsprechleitungen — nachstehend kurz Schwachstromleitungen usw. genannt — kreuzen oder ihnen sich nähern sollen, und gelten sowohl für die erste Ausführung wie für spätere Veränderungen und Erweiterungen, sowie für den Betrieb und die Unterhaltung solcher Starkstromanlagen.

Die Bestimmungen finden auf seiten der Starkstromanlagen keine Anwendung auf elektrische Bahnen und beziehen sich auf seiten der Schwachstromleitungen auch auf die auf Eisenbahngelände befindlichen Leitungen der Reichs-Telegraphenverwaltung, aber nicht auf die dem Bahnbetriebe dienenden Telegraphen- und Fernsprechleitungen der Bahnverwaltungen.

Die Bestimmungen wollen nur gefährlichen, d. h. den Bestand der Telegraphen- usw. Anlagen oder die Sicherheit des Bedienungspersonals gefährdenden Äußerungen der Starkstromleitungen vorbeugen und richten sich daher auch gegen Fernwirkungen von gefährlicher Stärke. Dagegen bezwecken sie nicht, die Reichs-Telegraphenverwaltung auch gegen solche Fernwirkungen der Starkstromleitungen zu schützen, die, ohne gefährlich in obigem Sinne zu sein, lediglich den „Betrieb" der Schwachstromleitungen „störend beeinflussen"; solchen Störungen vorzubeugen oder ihnen abzuhelfen, ist nach den §§ 12 und 13 des Gesetzes über das Telegraphenwesen des Deutschen Reiches vom 6. April 1892 (RGBl. S. 467) und den §§ 6 und 13 des Telegraphenwege-Gesetzes vom 18. Dezember 1899 (RGBl. 705) nicht die Aufgabe der Polizei. Als störende Beeinflussungen im Sinne dieser Bestimmungen sind anzusehen: Fernwirkungen von nicht gefährlicher Stärke und örtliche Behinderungen vorhandener durch neue Anlagen bei Verlegungs-, Unterhaltungs- und Erweiterungsarbeiten.

Ein polizeiliches Interesse, den Unternehmern von Starkstromanlagen die Benutzung oder Mitbenutzung der Erde zur Stromrückleitung grundsätzlich zu verbieten, liegt nicht vor; ein solches Verbot kann nur im Einzelfall und nur soweit in Frage kommen, als von dieser — übrigens nur noch seltenen — Installationsform im einzelnen Falle Gefahren für den Bestand der Telegraphen- usw. Anlagen oder die Sicherheit des Bedienungspersonals zu besorgen sein sollten.

Endlich sollen die Bestimmungen mechanische Beschädigungen verhüten, die bei der Ausführung usw. von Starkstromanlagen benachbarten Schwachstromleitungen widerfahren können.

Hiernach bilden folgende, mit der Ausführung usw. von Starkstromanlagen für benachbarte Schwachstromleitungen bzw. deren Bedienungspersonal verbundene Gefahren den Gegenstand der von diesen Bestimmungen behandelten Schutzvorkehrungen:

a) die Berührung der beiderseitigen Leitungen,
b) die Wärmewirkungen der Starkstromleitungen,
c) der Übertritt von Strom in gefahrdrohender Stärke aus den Starkstromleitungen in Schwachstromleitungen ohne Berührung der Leitungen,
d) die elektrolytischen Einwirkungen in die Erde übergetretener Starkströme auf unterirdische Schwachstromkabel,
e) Fernwirkungen der Starkstromleitungen von gefährlicher Stärke und
f) mechanische Beschädigungen der Schwachstromleitungen bei der Ausführung usw. von Starkstromanlagen.

II. Schutzvorkehrungen.

1. In Dreileiteranlagen dürfen die Mittelleiter, wenn blank in die Erde verlegt oder sonst mit der Erde verbunden, Verbindung mit Gas- oder Wasserleitungs-

[1] Für die in diesen Bestimmungen vorkommenden elektrotechnischen Begriffe: Starkstrom, Hochspannung, Niederspannung usw. sind die vom Verband deutscher Elektrotechniker herausgegebenen Vorschriften für die Errichtung elektrischer Starkstromanlagen usw. vom 1. Januar 1908 maßgebend.

netzen nicht haben, wenn Schwachstromleitungen mit solchen verbunden sind.

2. Oberirdische Hin- und Rückleitungen von Starkstromanlagen müssen, wo sie Schwachstromleitungen sich nähern sollen, in tunlich gleichem und dabei in so geringem Abstand voneinander verlaufen, als dies die Sicherheit des Betriebs der Starkstromleitungen zuläßt.

3. Ober- wie unterirdische Kreuzungen von Stark- und Schwachstromleitungen müssen tunlichst in rechtem Winkel erfolgen.

4. Bei oberirdischen Kreuzungen von Stark- und Schwachstromleitungen ist grundsätzlich danach zu streben, daß die Starkstromleitung oberhalb der Schwachstromleitung zu liegen kommt.

An den Kreuzungsstellen müssen Vorrichtungen vorhanden sein, die eine Berührung der beiderseitigen Leitungen verhindern oder doch unschädlich machen. Im einzelnen ist folgendes zu beachten:

a) Soll bei der Kreuzung die Starkstromanlage oberhalb der Schwachstromleitung zu liegen kommen, dann ist, abgesehen von besonderen Verhältnissen, als geeignete Maßnahme gegen eine Berührung der beiderseitigen Leitungen ein solcher Ausbau der Starkstromanlage anzusehen, daß vermöge ihrer eigenen Festigkeit ein Bruch oder ein die Schwachstromleitung gefährdendes Nachgeben der Starkstromleitungen oder -gestänge im Kreuzungsfelde ausgeschlossen ist, und zwar auch bei einem Bruche sämtlicher Leitungsdrähte der benachbarten Felder; außerdem muß die Anlage durch geeignete Aufhängung oder besondere Sicherung der Starkstromleitungen denjenigen Gefährdungen der Festigkeit der Leitungen Rechnung tragen, die durch außergewöhnliche Stromwirkungen bei Betriebsstörungen, Isolatorenbruch, Kurzschluß, Erdschluß u. dergl. eintreten.

b) Soll bei der Kreuzung die Starkstromleitung unterhalb der Schwachstromleitung zu liegen kommen, dann dürfen als geeignete Maßnahmen gegen ein Herauffallen der Schwachstromdrähte auf die Starkstromleitungen und gegen ein Umschlingen der letzteren durch die Schwachstromdrähte beispielsweise Schutzdrähte angesehen werden, die, parallel mit den Starkstromleitungen, sowohl oberhalb wie seitlich von diesen angeordnet, und von denen die oberen untereinander durch Querdrähte verbunden sind. Diese Schutzdrähte müssen möglichst gut geerdet sein.

c) Bei Niederspannung führenden Starkstromleitungen, die Schwachstromleitungen kreuzen, genügt zur Verhinderung von Stromübergängen aus den Stark- in die Schwachstromleitungen die Verwendung von der Starkstromspannung entsprechend isoliertem Draht für die Starkstromleitungen auf eine ausreichende Strecke, die aber mindestens den in Betracht kommenden Stützpunktzwischenraum umfassen muß.

5. Bei oberirdischen Kreuzungen von Stark- und Schwachstromleitungen darf der Abstand der Konstruktionsteile (Stangen, Streben, Anker, Erdleitungsdrähte usw.) der Starkstromanlage von den Schwachstromleitungen

A. in senkrechter Richtung

a) wenn die Starkstromanlage Hochspannung führt und zwischen ihr und den Schwachstromleitungen geerdete Schutznetze nicht vorhanden sind — nicht weniger als 2 m,

b) wenn die Starkstromanlage Hochspannung führt und geerdete Schutzvorrichtungen vorhanden sind, oder wenn die Starkstromanlage Niederspannung führt — nicht weniger als 1 m,

B. in wagerechter Richtung

nicht weniger als 1,25 m betragen; doch dürfen, wenn die Starkstromleitung Niederspannung führt, in besonderen Fällen Ermäßigungen des wagerechten Abstands zugelassen werden.

6. Oberirdisch nebeneinander verlaufende Leitungen. An denjenigen Stellen, an denen Stark- und Schwachstromleitungen oberirdisch nebeneinander verlaufen sollen und der Abstand der beiderseitigen Leitungen voneinander weniger als 10 m beträgt, müssen Vorkehrungen vorhanden sein, die eine Berührung der beiderseitigen Leitungen unbedingt ausschließen.

Als hinreichende Sicherheit gegen eine Berührung der beiderseitigen Leitungen bei Leitungsbruch gilt, abgesehen von besonderen Verhältnissen, ein wagerechter Abstand von 7 m zwischen beiden Leitungen, wenn innerhalb der Annäherungsstrecke die Spannweite zwischen den Masten des Gestänges in jeder der beiden Linien 30 m nicht überschreitet.

Bei Niederspannung führenden Starkstromleitungen darf, als Schutzmittel gegen Berührungsgefahren, der Starkstromspannung entsprechend isolierter Draht für die Starkstromleitung verwendet werden.

Von besonderen Schutzvorrichtungen darf abgesehen werden, wenn die örtlichen Verhältnisse eine Berührung der beiderseitigen Leitungen auch beim Umbruch von Stangen oder bei Herabfallen von Drähten ausschließen, oder wenn die Anlage der Starkstromleitung durch entsprechende Verstärkung, Verankerung oder Verstrebung des Gestänges oder durch Befestigung an Häusern vor Umsturz gesichert ist.

7. Der Abstand der Konstruktionsteile (Stangen, Streben, Anker, Erdleitungsdrähte usw.) oberirdischer Starkstromanlagen von unterirdischen Schwachstromkabeln muß möglichst groß sein und mindestens 0,8 m betragen. In Ausnahmefällen darf eine Annäherung bis auf 0,25 m mit der Maßgabe zugelassen werden, daß dafür die Schwachstromkabel mit eisernen Rohren zu umkleiden sind.

8. Unterirdische Starkstromkabel sollen den Konstruktionsteilen (Stangen, Streben, Anker usw.) oberirdischer Schwachstromleitungen tunlichst fernbleiben, ihnen gegenüber aber mindestens einen seitlichen Abstand von 0,80 m wahren. Läßt dieser Mindestabstand sich nicht innehalten, dann müssen die Starkstromkabel in eiserne Rohre eingezogen werden, die nach beiden Seiten über die gefährdete Stelle um mindestens 0,25 m hinausragen. Die Rohre müssen gegen mechanische Angriffe bei Ausführung von Bauten an den Schwachstromleitungen genügend widerstandsfähig sein. Auf weniger als 0,25 m Abstand darf das Starkstromkabel den Konstruktionsteilen der Schwachstromleitungen in keinem Falle sich nähern.

9. Unterirdische Starkstromkabel müssen unterirdischen Schwachstromkabeln tunlichst fernbleiben, in Straßen mit Schwachstromkabeln womöglich auf der anderen Straßenseite verlaufen.

Wo die beiderseitigen Kabel sich kreuzen oder in einem seitlichen Abstand von weniger als 0,3 m nebeneinander verlaufen sollen, müssen die Starkstromkabel auf der den Schwachstromkabeln zugekehrten Seite mit Halbmuffen aus Zement oder gleichwertigem, feuerbeständigem Material von wenigstens 0,06 m Wandstärke versehen werden. Die Muffen müssen 0,3 m zu beiden Seiten der gekreuzten Schwachstromkabel, bei seitlichen Annäherungen ebenso weit über den Anfangs- und Endpunkt der gefährdeten Strecke hinausragen. Sollen bei Kreuzungen oder bei seitlichen Abständen der Kabel von weniger als 0,3 m die Starkstromkabel tiefer als die Schwachstromkabel zu liegen kommen, so müssen letztere zur Sicherung gegen mechanische Angriffe mit zweiteiligen eisernen Rohren bekleidet werden, die über die Kreuzungs- und Näherungsstelle nach jeder Seite hin 1 m hinausragen. Solcher Schutzvorkehrungen bedarf es nicht, wenn die Stark- oder die Schwachstromkabel sich in gemauerten oder in Zement- oder dergleichen Kanälen von wenigstens 0,06 m Wandstärke befinden.

10. Zur Sicherung von Schwachstromleitungen gegen mittelbare Gefährdung durch Hochspannungsanlagen müssen Schutzvorkehrungen getroffen werden, durch die der Übertritt hochgespannter Ströme in dritte, mit den Schwachstromleitungen an anderen Stellen zusammentreffende Anlagen oder das Entstehen von Hochspannung in diesen Anlagen verhindert oder unschädlich gemacht wird (vergleiche in den Vorschriften des Verbandes Deutscher Elektrotechniker für die Errichtung elektrischer Starkstromanlagen vom 1. Januar 1908: § 4, sowie § 22h und i Satz 1).

11. Starkstromleitungen innerhalb von Gebäuden müssen Schwachstromleitungen ebendaselbst tunlichst fernbleiben.

Sind Kreuzungen oder Annäherungen der beiderseitigen Anlagen bei festverlegten Leitungen an derselben Wand nicht zu vermeiden, so müssen die Starkstromleitungen so angeordnet, oder es müssen solche Vorkehrungen getroffen werden, daß eine Berührung der beiderseitigen Leitungen ausgeschlossen ist.

12. Alle Schutzvorkehrungen sind dauernd in gutem Zustand zu erhalten.

13. Von beabsichtigten Aufgrabungen im Interesse von unterirdischen Starkstromkabeln in Straßen mit unterirdischen Schwachstromkabeln hat der Unternehmer der zuständigen Post- oder Telegraphenbehörde beizeiten, wenn möglich vor dem Beginn der Arbeiten, schriftlich Nachricht zu geben.

14. Fehler — d. h. ein schadhafter Zustand — in der Starkstromanlage, durch die der Bestand der Telegraphen- oder

Fernsprechanlagen oder die Sicherheit des Bedienungspersonals gefährdet werden könnte, sind ohne Verzug zu beseitigen. Außerdem kann in dringenden Fällen die Abschaltung der fehlerhaften Teile der Starkstromanlage bis zur Beseitigung der Ursache der Gefahr gefordert werden.

15. Vor dem Vorhandensein der vorgeschriebenen Schutzvorkehrungen darf das Leitungsnetz auch für Probebetrieb oder sonstige Versuche nicht unter Strom gesetzt werden. Von einer beabsichtigten Unterstromsetzung ist der Telegraphenverwaltung mindestens drei freie Wochentage vorher schriftliche Mitteilung zu machen.

16. Falls die vorgesehenen Schutzvorkehrungen nicht ausreichen, um Gefahren für den Bestand der Schwachstromanlagen oder für die Sicherheit des Bedienungspersonals fernzuhalten, sind weitere Maßnahmen zu treffen, bis die Beseitigung der Gefahren erfolgt ist.

III. Prüfungsunterlagen.

Über geplante Starkstromanlagen, die vorhandene Schwachstromleitungen kreuzen oder ihnen sich nähern sollen, hat der Unternehmer, zur polizeilichen Festsetzung der notwendigen Schutzvorrichtungen, Pläne oder Zeichnungen nebst einem Erläuterungsbericht vorzulegen, die die für die Schutzvorkehrungen erheblichen Eigenschaften der beiden Anlagen und ihre Beziehungen zueinander erkennen lassen.

Insonderheit sind in den Unterlagen — außer Richtung, Anzahl, Stärke, Verlegungsart und Lage der Schwachstromleitungen — auf seiten der Starkstromanlage zu erörtern:

a) der Verlauf der Leitung,
b) ihre Lage über oder unter der Erde,
c) Leitersystem, Anzahl, Querschnitt und Verlegungsart der Leitungsdrähte, Spannung und größte zulässige Stromstärke, Art der Isolatoren und Befestigung der Leitungen auf denselben,
d) Kreuzungen von und Annäherungen an die Schwachstromleitungen,
e) Abstände der Leitungen und Konstruktionsteile der Anlage von den Schwachstromleitungen bei Kreuzungen und Annäherungen,
f) Lage der Starkstromleitungen bei oberirdischen Kreuzungen: ob ober- oder unterhalb der Schwachstromleitungen,
g) Zusammentreffen der Starkstromleitungen mit dritten Anlagen, durch die die Schwachstromleitungen mittelbar gefährdet werden könnten,
h) Bauart und rechnungsmäßige Beanspruchung des Gestänges sowie Spannweite der Leitungen bei oberirdischen Kreuzungen, falls die Starkstromleitung oberhalb der Schwachstromleitung liegt,
i) Schutzvorkehrungen an den Kreuzungs- und Annäherungsstellen.

Pläne und Zeichnungen müssen den polizeilichen Anforderungen an Baupläne usw. entsprechen.

Sämtliche Prüfungsunterlagen sind in drei Ausfertigungen einzureichen; davon hat die eine den von der Polizeibehörde mit der Telegraphenverwaltung zu führenden Erörterungen zu dienen; die zweite erhält der Unternehmer nach Abschluß der Prüfungsverhandlungen mit dem polizeilichen Genehmigungsvermerk und etwaigen weiteren polizeilichen Auflagen zurück, die dritte verbleibt bei der Polizeibehörde.

Soweit die genaue Lage der Starkstromkabel zu den Schwachstromkabeln im Falle der Ziffer 8 unter II nicht schon aus den Prüfungsunterlagen hervorgeht, hat der Unternehmer der Polizeibehörde über die Lage der Kabel zueinander genaue Zeichnungen in zweifacher Ausfertigung nachträglich vorzulegen; hiervon ist die eine Ausfertigung zur Weitergabe an die Telegraphenverwaltung bestimmt.

Was vorstehend für neue Starkstromanlagen gefordert wird, gilt auch für wesentliche Veränderungen oder Erweiterungen bestehender Starkstromanlagen, durch die vorhandene Schwachstromanlagen im Sinne der Abschnitte I und II berührt werden könnten.

Ergänzungen
für elektrische Kleinbahnen:

a) Die für die Leitungen getroffenen Bestimmungen gelten sinngemäß auch für die Fahrleitungen elektrischer Kleinbahnen;
b) Wenn die Schienen elektrischer Kleinbahnen zur Rückleitung des Betriebsstroms dienen, so müssen sie an den Stößen gut leitend verbunden sein;

c) Falls durch Aufgrabungen in Straßen mit unterirdischen Telegraphen- und Fernsprechkabeln (vgl. Abs. 13 unter II der allgemeinen Anforderungen) der Telegraphen- und Fernsprechbetrieb gestört werden könnte, sind die Arbeiten auf Antrag der Telegraphenverwaltung zu Zeiten auszuführen, in denen der Telegraphen- bzw. Fernsprechbetrieb ruht.

Anhang E zur Anlage 3.

Sicherheitsvorschriften für elektrische Straßenbahnen und straßenbahnähnliche Kleinbahnen.

(Herausgegeben vom Verband Deutscher Elektrotechniker e. V.)

Inhaltsverzeichnis.

Die nachstehenden Vorschriften gelten **für die Kraftwerke**, Hilfswerke, **Leitungsanlagen, Fahrzeuge und sonstigen** Betriebsmittel von Straßenbahnen in Ortschaften und von straßenbahnähnlichen **Kleinbahnen, deren Spannung 1000 Volt gegen Erde nicht übersteigt.**

Erster Abschnitt.

Bauvorschriften.

A. Allgemeines.

§ 1.

Pläne.

Für Pläne sind folgende Bezeichnungen anzuwenden:

× = Feste Glühlampe.

 = Bewegliche Glühlampe.

⊗ 5 = Fester Lampenträger mit Lampenzahl (5).

 3 = Beweglicher Lampenträger mit Lampenzahl (3).

Obige Zeichen gelten für Glühlampen jeder Kerzenstärke sowie für Fassungen mit und ohne Hahn.

◎ 6 = Bogenlampe mit Angabe der Stromstärke (6 Ampère).

 = Generatoren oder Elektromotoren mit Angabe der Stromart, der höchstzulässigen Leistung in Kilowatt und der Spannung.

(z. B.  Drehstrom 100 KW 800 Volt).

 = Akkumulatoren.

 = Einpoliger bzw. zweipoliger bzw. dreipoliger Ausschalter mit Angabe der höchstzulässigen Stromstärke (6 Amp.).

 3 = Umschalter desgl. (3 Amp.).

 = Sicherung mit Angabe der Normalstromstärke (10 Amp.).

⊠ 10 = Widerstand, Heizapparate und dergl. mit Angabe der höchstzulässigen Stromstärke (10 Amp.).

 10 = Desgl. abnehmbar angeschlossen.

 7,5 5000/550 = Transformator mit Angabe der Leistung in Kilowatt und der beiden Spannungen. (7,5 KW 5000/550 Volt).

 = Drosselspulen.

 = Blitzschutzvorrichtungen und Überspannungssicherungen.

→ ← Spannungssicherungen.

 = Erdung.

 = Blitzpfeil.

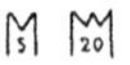 = Zweileiter- bzw. Dreileiter- oder Drehstromzähler mit Angabe des Meßbereichs (5 bzw. 20 KW).

 = Zweileiterschalttafel.

 = Dreileiterschalttafel oder Schalttafel für mehrphasigen Wechselstrom.

 = Fahrleitung.

1 × 6 qmm = Einzelleitung von 6 qmm.

2 × 6 qmm = Hin- und Rückleitung von 6 qmm.
3 × 6 qmm = Drehstromleitung von 6 qmm.
2 × 10 qmm + 1 × 6 qmm = Dreileitersystem.
} Bei Verwendung von Mehrfachleitungen ist die Linie zu strichpunktieren.

Nach oben führende Steigleitung.
Nach unten führende Steigleitung.
Steckvorrichtung.

Holzmast.
Eisenmast.
Speisepunkt.
Luftweiche.
Abspannisolator.
Streckenisolator.
Blanke Sammelschiene.
B C Blanker Kupferdraht.
B E Blanker Eisendraht.
G B Gummibandleitung (höchstens bis 250 Volt).
G A Gummiaderleitung.
M A Mehrfachgummiaderleitung.
P A Panzerader.
F A Fassungsader.
S A Gummiaderschnur.
P L Pendelschnur.
KB Blanke Bleikabel.
KA Asphaltierte Kabel.
KE Armierte asphaltierte Kabel.
(n) Schutznetz.
(e) Schutz durch Erdung.
(h) Schutz des Fahrdrahtes durch Holzleisten.
(d) Schutzdraht.

§ 2.

Erklärungen.

a) Erdung. Einen Gegenstand erden heißt, ihn mit der Erde derart leitend verbinden, daß er eine für unisoliert stehende Personen gefährliche Spannung nicht annehmen kann. (Erdung von Fahrzeugen siehe § 33.)

b) Feuersichere Gegenstände. Als feuersicher gilt ein Gegenstand, der nicht entzündet werden kann oder der nach Entzündung nicht von selbst weiterbrennt.

c) Freileitungen. Als Freileitungen gelten alle oberirdischen Drahtleitungen außerhalb von Gebäuden, die weder metallische Umhüllung noch Schutzverkleidung haben. Schutznetze, Schutzleisten und Schutzdrähte gelten nicht als Verkleidung.

d) Elektrische Betriebsräume. Als solche gelten außer den Kraft- und Hilfswerken auch abgeschlossene Betriebsstände in Fahrzeugen, die Prüffelder sowie die Räume, in denen Fahrzeuge oder Apparate mit der Betriebsspannung untersucht werden, soweit diese Räume im regelmäßigen Betrieb nur unterwiesenem Personal zugänglich sind.

B. Beschaffenheit und Verlegung des zu verwendenden Materials.

§ 3.

Erdung.

a) der Querschnitt der Erdungsleitungen ist mit Rücksicht auf die zu erwartenden Erdschlußstromstärken zu bemessen. Die Erdleitungen müssen gegen mechanische und chemische Beschädigungen geschützt werden.

b) Es ist für möglichst geringen Erdungswiderstand Sorge zu tragen.

Zum Einlegen in die Erde dienen Platten, Drahtnetze, Gitterwerk und dergl.

Für Blitzableiter, Schutznetze und Schutzdrähte dürfen die Gleise zur Erdung benutzt werden.

c) Die in einem Gebäude befindlichen Erdungsleitungen müssen sämtlich unter sich gut leitend verbunden sein.

d) Es ist unzulässig, Teile einer geerdeten Betriebsleitung durch Erde allein zu ersetzen.

e) Betreffend Erdung von Fahrzeugen siehe § 33.

Betreffend Schienenrückleitung siehe § 31.

§ 4.

Übertritt von höherer Spannung.

Um den Übertritt von höherer Spannung in Stromkreise für niedrigere Spannung sowie das Entstehen von höherer Spannung in letzteren zu verhindern bzw. ungefährlich zu machen, sind geeignete Vorrichtungen, z. B. erdende oder kurzschließende oder abtrennende Sicherungen vorzusehen, oder es sind geeignete Punkte zu erden.

Isolier- und Befestigungskörper.

§ 5.

Isolierstoffe.

a) Die Isolierstoffe sollen in solcher Stärke verwendet werden, daß sie bei der im Betrieb vorkommenden Erwärmung von einer Spannung, die die Betriebsspannung von 1000 Volt überschreitet, nicht durchschlagen werden. Außerdem müssen die Isoliermittel derart gestaltet und bemessen sein, daß ein merklicher Stromübergang über die Oberfläche (Oberflächenleitung) unter gewöhnlichen Betriebsverhältnissen nicht eintreten kann.

b) Wo Holz als Isolierstoff zulässig ist, muß es isolierend getränkt sein.

§ 6.

Holzleisten und Krampen.

a) Holzleisten sind zur Verlegung von Leitungen unzulässig. Ausnahme siehe § 36 g.

b) Krampen sind nur zur Befestigung von betriebsmäßig geerdeten Leitungen zulässig, sofern dafür gesorgt wird, daß der Leiter durch die Art der Befestigung weder mechanisch noch chemisch beschädigt wird.

§ 7.

Isolierglocken, -rollen und -ringe.

a) Isolierglocken, -rollen und -ringe müssen aus Porzellan oder gleichwertigem Stoff bestehen. Ringe sind nur gestattet, wenn sie durch Form und Größe eine sichere Isolation verbürgen.

b) Die Glocken, Rollen und Ringe müssen so geformt sein, daß die an ihnen zu befestigenden Leitungen in genügendem Abstand von den Befestigungsflächen und voneinander gehalten werden können. (Vergl. § 24 a und c.)

In jede Rille darf nur ein Draht gelegt werden.

§ 8.

Befestigungsklemmen.

Befestigungsklemmen müssen, soweit sie nicht für Bleikabel, Fahrleitungen und Telephonschutz bestimmt sind, aus hartem Isolierstoff oder isoliertem Metall bestehen.

b) Sie müssen so geformt sein, daß die an ihnen zu befestigenden Leitungen in genügendem Abstand von den Befestigungsflächen und voneinander gehalten werden können (vergl. § 24 a und c) und daß die Isolierung nicht verletzt wird.

c) Sie müssen so ausgebildet oder angebracht sein, daß merkliche Oberflächenleitung ausgeschlossen ist.

§ 9.

Fahrdrahtisolatoren.

Fahrdrahtisolatoren müssen so gebaut sein, daß sie den Draht sicher in seiner Lage halten.

§ 10.

Rohre.

a) Bei Metall- und Isolierrohren, in denen Leitungen verlegt werden sollen, muß die lichte Weite sowie die Anzahl und der Halbmesser der Krümmungen so gewählt sein, daß man die Drähte leicht einziehen kann.

b) Rohre, die für mehr als einen Draht bestimmt sind, müssen mindestens 11 mm lichte Weite haben.

c) Verbindungsdosen müssen genügend weit und so eingerichtet sein, daß jeder unzulässige Spannungs- oder Stromübergang ausgeschlossen ist.

d) Rohre dienen wesentlich als mechanischer Schutz; sie müssen dementsprechend aus widerstandsfähigem Stoff von genügender Stärke bestehen. (Vergl. § 24 h.)

Leitungen.

§ 11.

Beschaffenheit und Belastung der Leiter.

a) Isolierte Kupferleitungen und nicht unterirdisch verlegte Kabel aus Leitungskupfer dürfen im allgemeinen mit den in nachstehender Tabelle verzeichneten Stromstärken dauernd belastet werden:

Querschnitt in Quadratmillimetern	Stromstärke in Ampère
0,75	4
1	6
1,5	10
2,5	15
4	20
6	30
10	40
16	60
25	80
35	90
50	100
70	130
95	165
120	200
150	235
185	275
240	330
310	400
400	500
500	600
625	700
800	850
1000	1000

Blanke Kupferleitungen bis zu 50 qmm unterliegen gleichfalls den Vorschriften der vorstehenden Tabelle, blanke Kupferleitungen über 50 qmm und unter 1000 qmm Querschnitt können mit 2 Ampère für das Quadratmillimeter belastet werden.

Bei Freileitungen, Fahrstromleitungen und anderen intermittierenden Betrieben ist eine Erhöhung der Belastung über die Tabellenwerte zulässig, sofern dadurch keine Beeinträchtigung der Festigkeit oder gefährliche Erwärmung entsteht.

Beim Anschluß von Bogenlampen, Motoren und ähnlichen Stromverbrauchern mit wechselndem Stromverbrauch genügt es, sofern keine zuverlässigen Anhaltspunkte für die kurzzeitigen Stromstöße vorliegen, das 1½fache der Normalstromstärke der Bemessung des Leitungsquerschnittes zugrunde zu legen.

b) Der geringste zulässige Querschnitt für isolierte Kupferleitung ist 1 qmm, an und in Beleuchtungskörpern 0, 75 qmm. Der geringste zulässige Querschnitt von offen verlegten blanken Kupferleitungen in Gebäuden ist 4 qmm, bei Freileitungen 10 qmm.

c) Bei Verwendung von Leitern aus minderwertigem Kupfer oder anderen Metallen müssen die Querschnitte so gewählt werden, daß die Erwärmung durch den Strom nicht größer wird, als bei Leitern aus Leitungskupfer, welche nach der obigen Tabelle bemessen sind.

§ 12.

Isolierte Leitungen.

a) Alle Drähte, die als isoliert gelten sollen, müssen nach 24stündigem Liegen in Wasser von höchstens 25 ° C eine Durchschlagsprobe mit der doppelten Betriebsspannung eine Stunde lang aushalten.

Sie sind mit eindrähtigen Leitern in Querschnitten von 0,75 bis 16 qmm, mit mehrdrähtigen Leitern in Querschnitten der Gesamtseele von 0,75 bis 1000 qmm zulässig. Insbesondere kommen hierfür in Betracht Gummiaderleitungen (Bez. GA.)

Ihre Kupferseele ist feuerverzinnt und mit einer wasserdichten vulkanisierten Gummihülle umgeben. Jede Leitung muß über dem Gummi von einer Hülle gummierten Bandes umgeben sein. Als Einzelleitung verwendet, muß sie außerdem eine mit Isoliermasse getränkte Umklöppelung erhalten. Bei Mehrfachleitungen kann die Umklöppelung gemeinsam sein.

b) Gepanzerte Leitungen (Bez. PA.) bestehen aus einer oder mehreren nach vorstehender Vorschrift isolierten Seelen, die mit einer gemeinsamen Hülle und darüber mit einer dichten Metallumklöppelung versehen sind. (Vergl. § 14 d.)

Gepanzerte Leitungen dürfen nicht unmittelbar in die Erde und auch nicht in Räumen verlegt werden, wo sie chemischen Beschädigungen ausgesetzt sind.

§ 13.

Leitungen im allgemeinen.

a) Alle Leitungen müssen so verlegt werden, daß sie nach Bedarf geprüft werden können.

b) Transportable Leitungen dürfen an festverlegte Leitungen nur mittels lösbarer Anschlußvorrichtungen angeschlossen werden.

c) Soweit bewegliche Leitungen roher Behandlung ausgesetzt sind, müssen sie gegen mechanische Beschädigungen besonders geschützt sein.

d) Die Verbindung von Leitungen untereinander, sowie die Abzweigung von Leitungen geschieht mittels Lötung, Verschraubung oder gleichwertiger Verbindung.

Abzweigungen von festverlegten Mehrfachleitungen müssen mit Abzweigklemmen auf isolierender Unterlage ausgeführt werden. Ausgenommen hiervon sind Leitungen in Fahrzeugen. An und in Beleuchtungskörpern sind Lötungen zulässig.

e) Zum Löten dürfen keine Lötmittel verwendet werden, die das Metall angreifen.

f) Bei Verbindungen oder Abzweigungen von isolierten Leitungen ist die Verbindungsstelle in einer der sonstigen Isolierung möglichst gleichwertigen Weise zu isolieren. Die Anschluß- und Abzweigstellen müssen von Zug entlastet sein.

g) Kreuzungen von stromführenden Leitungen unter sich und mit sonstigen Metallteilen sind so auszuführen, daß unbeabsichtigte gegenseitige Berührung ausgeschlossen ist.

h) Bei Einrichtungen, bei denen ein Zusammenlegen von mehr als drei Leitungen unvermeidlich ist, dürfen Gummiaderleitungen so verlegt werden, daß sie sich berühren, wenn eine Lagenveränderung ausgeschlossen ist (Fahrzeuge siehe § 36 f).

i) Alle Leitungen außerhalb von Betriebsräumen, die mehr als 250 Volt gegen Erde führen, mit Ausnahme von Kabeln und Panzerleitungen, müssen entweder durch ihre Lage und Anordnung oder durch Schutzverkleidung gegen zufällige Berührung und Beschädigung geschützt sein. Diese Schutzverkleidung muß, sofern es sich nicht um Fahrzeuge handelt, die in § 24 a u. c vorgeschriebenen Abstände haben und, soweit sie der Berührung durch Personen zugänglich ist, aus feuchtigkeitsbeständigem Isolierstoff (mit Isoliermasse getränktes Holz ist zulässig) oder aus geerdetem Metall bestehen. Netze dürfen in diesem Falle höchstens 5 cm Maschenweite und müssen wenigstens 1,5 mm Drahtdicke haben.

k) Wenn eine Drahtleitung an der Außenseite eines Gebäudes geführt ist, so darf, einerlei ob sie blank oder isoliert ist, ihr Abstand von der äußeren Gebäudewand oder der Schutzverkleidung an keiner Stelle weniger als 10 cm betragen.

l) Die Verbindung der Leitungen mit Apparaten ist durch Schrauben oder gleichwertige Mittel auszuführen.

Schnüre oder Drahtseile bis zu 6 qmm und Einzeldrähte bis zu 25 qmm Kupferquerschnitt können mit angebogenen Ösen an den Apparaten befestigt werden.

Drahtseile über 6 qmm sowie Drähte über 25 qmm Kupferquerschnitt müssen mit Kabelschuhen oder gleichwertigen Verbindungsmitteln versehen sein.

Schnüre und Drahtseile von weniger als 6 qmm Querschnitt müssen, wenn sie nicht gleichfalls Kabelschuhe oder gleichwertige Verbindungsmittel erhalten, an den Enden verlötet sein.

§ 14.

Kabel.

a) Blanke Bleikabel (Bez. KB.) bestehen aus einer oder mehreren Kupferseelen, Isolierschichten und einem wasserdichten einfachen oder mehrfachen Bleimantel. Sie sind nur zu verwenden, wenn sie gegen mechanische und gegen chemische Beschädigungen geschützt verlegt werden.

b) Asphaltierte Bleikabel (Bez. KA.) wie die vorigen, aber mit asphaltiertem Faserstoff umwickelt; sie müssen gegen mechanische Beschädigungen geschützt verlegt werden.

c) Armierte asphaltierte Bleikabel (Bez. KE.) wie die vorigen und mit Eisenband oder -draht armiert.

d) Bei eisenarmierten Kabeln für einfachen Wechselstrom und Mehrphasenstrom müssen sämtliche zu einem Stromkreis gehörigen Leitungen in einem Kabel enthalten sein, sofern nicht dafür gesorgt ist, daß keine bedenkliche Erwärmung des Eisenmantels eintritt. Entsprechendes gilt für Panzerleitungen.

e) Bleikabel jeder Art dürfen nur mit Endverschlüssen, Muffen oder gleichwertigen Vorkehrungen, die das Eindringen von Feuchtigkeit verhindern und gleichzeitig einen guten elektrischen Anschluß gestatten, verwendet werden.

f) An den Befestigungsstellen ist darauf zu achten, daß der Bleimantel nicht eingedrückt oder verletzt wird; Rohrhaken sind daher nur bei armierten Kabeln als Befestigungsmittel zulässig.

g) Prüfdrähte sind sicherheitstechnisch wie die zugehörigen Kabeladern zu behandeln.

Apparate.

§ 15.

Vorschriften für alle Apparate.

a) Die stromführenden Teile sämtlicher Apparate müssen auf feuersicheren und, soweit sie nicht betriebsmäßig geerdet sind, auf Unterlagen befestigt sein, die in dem Verwendungsraum isolieren.

Wo dies aus technischen Gründen nicht möglich ist (z. B. bei Meßinstrumenten usw.), bezieht sich diese Vorschrift nur auf die äußeren stromführenden Teile.

Bei Fahrschaltern, bei Bürstenjochen für Motoren und bei Stromabnehmern ist Holz als Isolierstoff zulässig.

Isolierstoffe, die in der Wärme eine erhebliche Formveränderung erleiden können, dürfen für wärmeentwickelnde oder höheren Temperaturen ausgesetzte Apparate als Träger stromführender Teile nicht verwendet werden.

b) Die spannungsführenden Teile aller Apparate, die nicht in elektrischen Betriebsräumen, unter Verschluß oder unzugänglich für nicht unterwiesene Personen angebracht sind, sowie alle Teile im Handbereich, die Spannung annehmen können, müssen durch Gehäuse der zufälligen Berührung entzogen sein.

Nicht geerdete Gehäuse, soweit sie der Berührung zugänglich sind, sowie ungeerdete Griffe müssen aus nichtleitenden Stoffen bestehen oder mit einer haltbaren Isolierschicht ausgekleidet oder überzogen sein.

Zugängliche Metallgehäuse müssen geerdet sein.

Aus- und Umschalter, Anlasser und dergl., die für elektrische Betriebsräume bestimmt sind, bedürfen keiner Gehäuse, müssen aber so gebaut bzw. angebracht sein, daß bei der Bedienung mittels der Handgriffe eine zufällige Berührung spannungführender Teile ausgeschlossen ist.

Für Griffe und Kuppelstangen ist Holz zulässig, wenn es mit Isoliermasse getränkt ist.

c) Die Einführungsstellen für Leitungen sind so einzurichten, daß sie die Leitungen gegen leitende Gehäuse oder Unterlagen isolieren und daß die Isolierhüllen der Leitungen nicht verletzt werden.

Bei Apparaten im Freien, in die kein Wasser eindringen darf, müssen die Einführungsstellen entsprechend geschützt sein.

Die Einführungsstellen müssen einer Prüfung nach § 5 genügen.

d) Die stromführenden Teile sämtlicher Apparate sind derart zu bemessen, daß sie durch den stärksten regelrecht vorkommenden Betriebsstrom keine für den Betrieb oder die Umgebung bedenkliche Erwärmung annehmen können.

e) Alle Apparate müssen derart gebaut und angebracht sein, daß eine Verletzung von Personen durch Splitter, Funken und geschmolzenes Material ausgeschlossen ist.

Diejenigen Apparate, die zur Stromunterbrechung dienen, sind derart anzuordnen oder einzubauen, daß die bei ihrer regelrechten Wirkung etwa auftretenden Feuererscheinungen weder Personen gefährden, noch zündend auf die Nachbarschaft wirken oder unbeabsichtigte Kurz- oder Erdschlüsse herbeiführen können.

f) Alle Apparate, die zur Stromunterbrechung dienen, müssen derart gebaut sein, daß beim vollen Öffnen unter der auf dem Apparat vermerkten Spannung und Höchststromstärke kein dauernder Lichtbogen bestehen bleibt.

§ 16.

Sicherungen.

a) Die Abschmelzstromstärke eines Sicherungseinsatzes soll das Doppelte der auf ihr verzeichneten Stromstärke (Normalstromstärke) sein. Sicherungen bis einschließlich 50 Ampère Normalstromstärke müssen den 1¼-fachen Normalstrom dauernd tragen können. Vom kalten Zustande aus plötzlich mit der doppelten Normalstromstärke belastet, müssen sie in längstens 2 Minuten abschmelzen.

b) Die Sicherungen müssen einzeln, auch bei der um 10 % erhöhten Betriebsspannung, sicher wirken.

Zur Sicherheit der Wirkung gehört, daß sie abschmelzen, ohne einen dauernden Lichtbogen zu erzeugen, und daß die etwaigen Explosionserscheinungen ungefährlich verlaufen.

c) Bei Sicherungen dürfen weiche Metalle und Legierungen nicht unmittelbar die Berührung vermitteln, sondern die Schmelzdrähte oder Schmelzstreifen müssen in Anschlußstücke aus Kupfer oder gleichgeeignetem Metall fest eingefügt sein.

d) Nichtausschaltbare Sicherungen müssen derart gebaut oder angeordnet sein, daß ihre Einsätze auch unter Spannung mittels geeigneter Werkzeuge gefahrlos ausgewechselt werden können.

e) Die Normalstromstärke und die Höchstspannung sind auf dem Einsatz der Sicherung zu verzeichnen.

f) Alle betriebsmäßig geerdeten Leitungen dürfen keine Sicherungen enthalten; dagegen sind alle übrigen Leitungen, die von der Schalttafel oder den Sammelschienen nach den Verbrauchsstellen führen, durch Abschmelzsicherungen oder andere selbsttätige Stromunterbrecher zu schützen, ebenso müssen die Leitungen, welche von den Stromquellen zu den Sammelschienen führen, selbsttätige Stromunterbrecher enthalten.

g) Mit einziger Ausnahme des Falles h sind Sicherungen in Gebäuden an allen Stellen anzubringen, wo sich der Querschnitt der Leitungen in der Richtung nach der Verbrauchsstelle hin vermindert.

h) Bei Querschnittsverkleinerungen sind in den Fällen, wo die vorhergehende Sicherung den schwächeren Querschnitt schützt, weitere Sicherungen nicht mehr erforderlich.

i) Wo eine Verjüngung eintritt, muß die Sicherung unmittelbar an der Verjüngungsstelle liegen; bei Abzweigungen muß das Anschlußleitungsstück bis zur Sicherung hin den Querschnitt der Hauptleitung haben.

Diese Vorschrift bezieht sich nicht auf Schalttafelleitungen und die Verbindungsleitungen von der Maschine zur Schalttafel.

k) Die Stärke der zu verwendenden Sicherung ist der Betriebsstromstärke der zu schützenden Leitungen und Stromverbraucher tunlichst anzupassen. Sie darf jedoch nicht größer sein, als nach der Belastungstabelle und den übrigen Bestimmungen des § 11 für die betreffende Leitung zulässig ist.

§ 17.

Ausschalter, Umschalter, Anlasser und dergl.

a) Die Betriebsstromstärke und -spannung, für die ein Schalter gebaut ist, sowie die Höchststromstärke, bei der er unter der Betriebsspannung ausgeschalttet werden darf, sind auf dem festen Teile zu vermerken.

b) Nulleiter und betriebsmäßig geerdete Leitungen dürfen außerhalb elektrischer Betriebsräume entweder gar nicht oder nur zwangsläufig zusammen mit den übrigen zugehörigen Leitern ausschaltbar sein.

c) Ausschalter für Stromverbraucher mit Ausnahme einzelner Glühlampenstromkreise unter 250 Volt müssen, wenn sie geöffnet werden, ihren Stromkreis spannungslos machen.

d) Ausschalter dürfen nur an den Verbrauchapparaten selbst oder in festverlegten Leitungen angebracht werden.

§ 18.

Steckvorrichtungen und dergl.

a) Stecker und verwandte Vorrichtungen zum Anschluß abnehmbarer Leitungen müssen so gebaut sein, daß sie nicht in Anschlußstücke für höhere Stromstärken passen.

b) Die Betriebsstromstärke und Spannung, für die der Apparat gebaut ist, sind auf dem festen Teile und auf dem Stecker sichtbar zu vermerken.

c) Steckvorrichtungen zum Anschluß transportabler Leitungen von mehr als 250 Volt müssen mittels besonderer Ausschalter abschaltbar sein. Ausgenommen hiervon sind Glühlampen, die zwischen zwei Punkte eines Serienkreises eingeschaltet werden.

d) Sicherungen siehe § 16 g.

§ 19.

Schalt- und Verteilungstafeln.

a) Schalt- und Verteilungstafeln müssen im allgemeinen aus feuersicherem Stoffe bestehen. Holz ist außerhalb von Fahrzeugen nur als Umrahmung zulässig.

b) Die Kreuzung stromführender Teile an Schalt- und Verteilungstafeln ist möglichst zu vermeiden.

Ist dies nicht erreichbar, so sind die stromführenden Teile durch Isolierkörper voneinander zu trennen oder derart in genügendem Abstand voneinander zu befestigen, daß gegenseitige Berührung ausgeschlossen ist.

c) Verteilungstafeln, die nicht von der Rückseite zugänglich sind, müssen so gebaut werden, daß die Leitungen nach Befestigung der Tafel angeschlossen und die Anschlüsse jederzeit von vorn untersucht und gelöst werden können.

d) Die Sicherungen und Ausschalter auf den Verteilungstafeln sind mit Bezeichnungen zu versehen, aus denen hervorgeht, zu welchen Räumen bzw. Gruppen von Stromverbrauchern sie gehören.

e) Leitungsschienen von verschiedener Polarität oder Phase, die hinter der Schalttafel liegen, müssen durch verschiedenfarbigen Anstrich kenntlich gemacht werden.

f) Schalttafeln für eine Betriebsspannung von mehr als 250 Volt müssen entweder mit einem isolierenden Bedienungsgang umgeben sein, oder es müssen sämtliche stromführenden Teile, soweit sie nicht geerdet sind, der Berührung unzugänglich angeordnet sein, und in diesem Falle müssen die zugänglichen, nicht stromführenden Metallteile dieser Apparate und des Schalttafelgerüstes geerdet und, soweit der Fußboden in der Nähe des Gerüstes leitet, mit diesem leitend verbunden sein.

g) Bei Schalttafeln, die betriebsmäßig auf der Rückseite zugänglich sind, darf die Entfernung zwischen ungeschützten stromführenden Teilen der Schalttafel und der gegenüberliegenden Wand nicht weniger als 1 m betragen. Sind auf der letzteren ungeschützte stromführende Teile in erreichbarer Höhe vorhanden, so muß die wagerechte Entfernung bis zu denselben 2 m betragen und der Zwischenraum durch Geländer geteilt sein. In dem so geschaffenen Gange dürfen bis zur Höhe von 2 m über dem Fußboden weder stromführende Teile noch sonstige, die freie Bewegung störende Gegenstände vorhanden sein.

§ 20.

Bogenlampen.

a) Bogenlampen müssen Vorrichtungen haben, die ein Herausfallen glühender Kohleteilchen verhindern.

b) Die Bogenlampen sind isoliert in die Laternen (Gehänge) einzusetzen.

c) Die Laternen (Gehänge) von Bogenlampen sind, sofern sie aufgehängt sind, von Erde zu isolieren.

d) Die Zuleitungsdrähte dürfen bei Spannungen von mehr als 250 Volt nicht als Aufhängevorrichtung dienen.

e) Die Lampen müssen entweder gegen das Aufzugsseil und, wenn Metallmasten benutzt sind, auch gegen den Mast doppelt isoliert sein, oder Seil und Mast sind zu erden. Stromführende Teile von Bogenlampenkupplungen müssen gegen den Mast doppelt isoliert und gegen Regen geschützt sein.

f) Soweit die Zuleitungsdrähte in der Gebrauchslage der Lampe im Handbereich liegen, müssen sie isoliert und mit einer Schutzhülle aus geerdetem Metall oder aus feuchtigkeitsbeständigem Isolierstoff versehen sein.

g) Bogenlampen in Stromkreisen mit einer Betriebsspannung von mehr als 250 Volt müssen während des Betriebes unzugänglich und von Abschaltvorrichtungen abhängig sein, die gestatten, sie für den Zweck der Bedienung spannungslos zu machen.

§ 21.

Beleuchtungskörper.

a) Fassungen für Spannungen über 250 Volt dürfen keine Ausschalter enthalten.

b) Bei Handlampen, die außerhalb von Fahrzeugen und Betriebsräumen - nur bis 250 Volt zulässig sind, müssen die Griffe, sofern sie nicht zuverlässig geerdet sind, aus Isolierstoff bestehen. Der Schutzkorb muß unmittelbar auf dem isolierenden bzw. zuverlässig geerdeten Griffe sitzen und die Leitungseinführung mit Isoliermitteln ausgekleidet sein. Hahnfassungen an Handlampen sind unzulässig.

c) Die zur Aufnahme von Drähten bestimmten Hohlräume von Beleuchtungskörpern müssen im Lichten so weit bemessen und von Grat frei sein, daß die einzuführenden Drähte sicher ohne Verletzung der Isolierung durchgezogen werden können.

d) In und an Beleuchtungskörpern muß mindestens Gummiaderleitung verwendet werden.

e) Bei zugänglichen Beleuchtungskörpern über 250 Volt dürfen die Leitungen nur innen geführt werden.

f) Beleuchtungskörper müssen so angebracht werden, daß die Zuführungsdrähte nicht durch Drehen des Körpers verletzt werden.

C. Kraftwerke und diesen gleichgestellte Betriebsräume.

§ 22.

Aufstellung von Generatoren, Elektromotoren und Umformern.

a) Generatoren, Elektromotoren, Umformer usw. sind so aufzustellen, daß etwaige im Betrieb der elektrischen Einrichtung auftretende Feuererscheinungen keine Entzündung von brennbaren Stoffen hervorrufen können.

b) Generatoren und Elektromotoren müssen entweder gut isoliert und in diesem Falle mit einem gut isolierenden Bedienungsgang umgeben sein, oder sie sollen geerdet und, soweit der Fußboden in ihrer Nähe leitend ist, mit demselben leitend verbunden sein. Zur Erdung und zur Verbindung mit dem Fußboden sollen Kupferdrähte von mindestens 25 qmm Querschnitt benutzt werden, die gegen schädliche mechanische oder chemische Einwirkungen geschützt sind.

c) Transformatoren, die weder in besonderen Kammern untergebracht noch in anderer Weise der zufälligen Berührung entzogen sind, müssen allseitig in geerdete Metallgehäuse eingeschlossen sein.

d) An jedem isoliert aufgestellten Transformator, mit Ausnahme von solchen für Meßzwecke, sollen Vorrichtungen angebracht sein, die gestatten, das Gestell desselben gefahrlos zu erden.

§ 23.

Akkumulatorräume.

a) In Akkumulatorräumen ist für Lüftung zu sorgen.

b) Die einzelnen Zellen sind gegen das Gestell und letzteres ist gegen Erde durch Glas, Porzellan oder ähnliche nicht Feuchtigkeit anziehende Unterlagen zu isolieren.

Es müssen Vorkehrungen getroffen werden, um beim Auslaufen von Säure eine Gefährdung des Gebäudes zu vermeiden.

c) Zur Beleuchtung von Akkumulatorräumen dürfen nur elektrische Lampen verwendet werden, die im luftleeren Raume brennen.

d) Die Zellen müssen derart angeordnet werden, daß bei der Bedienung eine zufällige gleichzeitige Berührung von Punkten, zwischen denen eine Spannung von mehr als 250 Volt herrscht, nicht erfolgen kann.

§ 24.

Leitungen in Gebäuden.

a) Blanke Leitungen dürfen nur auf Isolierglocken oder gleichwertigen Vorrichtungen verlegt werden und müssen, soweit sie nicht unausschaltbare Parallel zweige sind, voneinander, von der Wand oder anderen Gebäudeteilen und von der eigenen Schutzverkleidung mindestens 10 cm entfernt sein. Die Spannweite der Leitungen soll, wo nicht besondere Verhältnisse eine Abweichung bedingen, nicht mehr als 4 m betragen.

Bei Verbindungsleitungen zwischen Akkumulatoren, Maschinen und Schalttafeln, bei Zellenschalterleitungen und bei Speise-, Steig- und Verteilungsleitungen können starke Kupferschienen sowie starke Kupferdrähte in kleineren Abständen voneinander verlegt werden.

b) Betriebsmäßig geerdete blanke Leitungen unterliegen den vorstehenden Bestimmungen nicht, müssen aber gegen die bei regelrechter Benutzung des betreffenden Raumes vorauszusetzenden Beschädigungen geschützt sein.

c) Glocken, Rollen usw., die zur Verlegung von isolierten Leitungen dienen, müssen so angebracht werden, daß sie die Leitungen mindestens 1 cm, über 250 Volt mindestens 2 cm, von der Wand entfernt halten. Isolierende Schutzverkleidungen müssen von den isolierten Leitungen mindestens 5 cm abstehen.

d) Bei Führung isolierter Leitungen auf gewöhnlichen Rollen längs der Wand muß auf höchstens 80 cm eine Befestigungs stelle kommen. Bei Führung an der Decke können den örtlichen Verhältnissen entsprechend ausnahmsweise größere Abstände gewählt werden.

e) Mehrfachleitungen dürfen nicht so befestigt werden, daß ihre Einzelleiter aufeinandergepreßt werden. Metallene Bindedrähte sind bei Mehrfachleitungen unzulässig. Für Führung von Mehrfachleitungen auf Rollen gilt die unter c) gegebene Abstandsvorschrift.

f) Mehrfachleitungen dürfen bei mehr als 250 Volt nur dann zur Aufhängung von Bogenlampen und Glühlampen benutzt werden, wenn sie eine besondere Tragschnur enthalten.

Wenn sie bei weniger als 250 Volt als Tragschnur benutzt werden, so dürfen die Anschlußstellen der Drähte nicht durch Zug beansprucht und die Drähte nicht verdrillt werden.

g) Papierrohre dürfen nur für Spannungen bis 250 Volt gegen Erde unter Putz verlegt werden. Sie sollen einen metallenen Körper oder Überzug haben, der so stark ist, daß er den nach Ortsverhältnissen zu erwartenden mechanischen Angriffen sicher widersteht.

h) Drahtverbindungen innerhalb der Rohre sind nicht statthaft.

i) Leitungen, die Wechsel- und Mehrphasenstrom führen, müssen so zusammengelegt werden, daß die Summe der durch das Rohr gehenden Ströme Null ist.

k) Jede Leitung, die in ein Rohr eingezogen werden soll, muß für sich die der Spannung entsprechende Isolierung haben.

l) Die Rohre sind so herzurichten, daß die Isolierung der Leitungen durch vorstehende Teile und scharfe Kanten nicht verletzt werden kann.

m) Die Rohre sind so zu verlegen, daß sich an keiner Stelle Wasser ansammeln kann.

n) Die Stoßstellen metallischer Rohre sind bei Spannungen von mehr als 250 Volt metallisch zu verbinden und die Rohre selbst zu erden.

§ 25.

Wand- und Deckendurchführungen.

a) Durch Wände und Decken sind die Leitungen entweder der in den betreffenden Räumen gewählten Verlegungsart entsprechend hindurchzuführen, oder es sind geeignete Rohre zu verwenden, und zwar für jede einzeln verlegte Leitung und für jede Mehrfachleitung je ein Rohr.

Diese Durchführungsrohre müssen an den Enden mit Tüllen aus feuersicherem Isolierstoff versehen und so weit sein, daß die Drähte leicht darin bewegt werden können.

In feuchten Räumen sind entweder Porzellan- oder gleichwertige Rohre zu verwenden, deren Gestalt keine merkliche Oberflächenleitung zuläßt, oder die Leitungen sind frei durch genügend weite Kanäle zu führen.

Über Fußböden müssen die Rohre mindestens 10 cm, über Decken und Wandflächen mindestens 2 cm vorstehen und müssen gegen mechanische Beschädigungen sorgfältig geschützt sein.

b) Armierte Bleikabel und betriebsmäßig geerdete Leitungen fallen nicht unter vorstehende Bestimmungen, sind aber gegen die Einflüsse der Mauerfeuchtigkeit zu schützen.

§ 26.

Einführung von Freileitungen in Gebäude.

Bei Einführung von Freileitungen in Gebäude sind entweder die Drähte frei und straff durchzuspannen oder es muß für jede Leitung ein geeignetes Einführungsrohr verwendet werden, dessen Gestaltung keine merkliche Oberflächenleitung zuläßt.

D. Vorschriften für die Strecke.

§ 27.

Freileitungen.

a) Für Bahnen sind außer blanken auch wetterbeständig isolierte Freileitungen von wenigstens 10 qmm Querschnitt zulässig.

b) Fahrleitungen und an Fahrleitungsmasten angebrachte Speiseleitungen, die nicht auf Porzellandoppelglocken verlegt sind, müssen gegen Erde doppelt isoliert sein. Holz ist als zweite Isolierung zulässig, doch gilt der Holzmast nicht als Isolierung.

c) Die Höhe der Fahrleitung und der an den Fahrdrahtmasten geführten Freileitungen über öffentliche Straßen darf auf offener Strecke nicht unter 5 m betragen. Eine geringere Höhe ist bei Unterführungen zulässig, wenn geeignete Vorsichtsmaßregeln getroffen werden (z. B. Warnungstafeln).

d) Wenn Fahrleitungen unter oder neben Eisenbauten verlegt sind, müssen Einrichtungen dagegen getroffen sein, daß ein entgleister Stromabnehmer Erdschluß zwischen Fahrleitung und Eisenbau herstellt.

e) Bei elektrischen Bahnen auf besonderem Bahnkörper, soweit dieser dem öffentlichen Verkehr nicht freigegeben ist, können die Leitungen (Drähte, Schienen usw.) in beliebiger Höhe verlegt werden, wenn bei der gewählten Verlegungsart die Strecke von unterwiesenem Personal ohne Gefahr begangen werden kann. An Haltestellen und Übergängen sind die Leitungen gegen zufällige Berührung durch das Publikum zu schützen und Warnungstafeln anzubringen.

f) Die Fahrdrähte sind möglichst gut gespannt zu halten; hierbei ist die Aufhängung so zu gestalten, daß schädliche Biegungsbeanspruchungen vermieden werden.

g) Durchhang und Spannweite der Fahrdrähte müssen so bemessen werden, daß diese bei —15° C noch dreifache Sicherheit gegen Zerreißen bieten. Fahrdrahtmaste aus Holz müssen mindestens siebenfache, solche aus Eisen vierfache Sicherheit bieten. (Winddruck siehe t.)

h) Die Fahrleitungen sind mittels Streckenisolatoren in einzelne durch Ausschalter abschaltbare Abschnitte zu teilen, deren Länge in dicht bebauten Straßen in der Regel nicht über 1 km, in wenig bebauten Straßen nicht über 2 km betragen soll. Auf eigenem Bahnkörper und auf offenen Landstraßen können die Ausschalter entbehrt werden.

i) Die Streckenschalter müssen, soweit sie ohne besondere Hilfsmittel erreichbar sind, mit verschlossen zu haltenden Schutzkästen versehen sein.

k) Die Lage der Ausschalter muß leicht kenntlich gemacht werden.

l) Bei Fahrleitungen ist in jeder ausschaltbaren Strecke eine Blitzschutzvorrichtung anzubringen, die auch bei wiederholten atmosphärischen Entladungen wirksam bleibt.

Es ist dabei auf eine gute Erdleitung Bedacht zu nehmen. Fahrschienen können als Erdleitung benutzt werden.

Gegen Berührung nicht geschützte Blitzableiter dürfen nur an Masten und nicht unter 5 m Höhe befestigt werden.

m) Maste, von denen aus blanke stromführende Teile von mehr als 250 Volt Spannung gegen Erde, z. B. auch Blitzableiter, mit der Hand erreichbar sind, müssen durch einen Blitzpfeil gekennzeichnet werden.

n) Speiseleitungen, die Betriebsspannung gegen Erde führen, müssen im Kraftwerk von der Stromquelle und an den Speisepunkten von den Fahrleitungen abschaltbar sein. Die Schalter an den Speisepunkten müssen den Bedingungen i) und k) genügen.

o) Auf Zug beanspruchte Verbindungen zwischen Leitungen müssen so ausgeführt werden, daß die Verbindungsstellen wenigstens die gleiche Zugfestigkeit besitzen wie die Leitungen selbst.

p) Querdrähte jeder Art (Trag- und Zugdrähte), die im Handbereich liegen, müssen gegen spannungführende Leitungen doppelt isoliert sein.

q) Leitungen und Apparate sind so anzubringen, daß sie ohne besondere Hilfsmittel nicht zugänglich sind.

r) Freileitungen, die nicht wie Fahrdrähte isoliert sind, dürfen nur auf Porzellanglocken, Rillenisolatoren oder gleichwertigen Isoliervorrichtungen verlegt werden, wobei die Glocken in aufrechter Stellung zu befestigen sind.

Es ist darauf zu achten, daß die Leitungsdrähte an den Isolatoren sicher und unverrückbar befestigt werden und daß die Befestigungsstücke keine scheuernde oder schneidende Wirkung auf sie ausüben.

F ü r F r e i l e i t u n g e n, d i e n i c h t a n d e n F a h r d r a h t m a s t e n g e f ü h r t s i n d, g e l t e n n o c h d i e V o r s c h r i f t e n s) b i s aa).

s) Freileitungen müssen mit ihren tiefsten Punkten mindestens 6 m, bei Wegübergängen mindestens 7 m von der Erde entfernt sein. Eine geringere Höhe ist bei Unterführungen zulässig, wenn geeignete Vorsichtsmaßregeln getroffen werden.

t) Spannweite und Durchhang müssen derart bemessen werden, daß Gestänge aus Holz eine siebenfache und aus Eisen eine vierfache Sicherheit, Leitungen bei —15° C. eine fünffache Sicherheit (bei Leitungen aus hartgezogenem Metall eine dreifache Sicherheit) dauernd bieten. Dabei ist der Winddruck mit 125 kg für 1 qm senkrecht getroffener Drahtfläche in Rechnung zu bringen.

u) Bei hölzernen Masten, die für dauernde Aufstellung bestimmt sind, ist die Jahreszahl ihrer Aufstellung und die laufende Nummer deutlich und dauerhaft anzubringen.

v) Freileitungen in Ortschaften müssen während des Betriebs streckenweise ausschaltbar sein. Die Ausschalter müssen, soweit sie nicht in die Leitungen selbst eingebaut sind, verschließbare Schutzkästen haben, und ihre Lage muß sich leicht erkennen lassen.

w) Den örtlichen Verhältnissen entsprechend sind Freileitungen durch Blitzschutzvorrichtungen zu sichern.

Insbesondere sind Blitzschutzvorrichtungen da anzubringen, wo ober- und unterirdische Leitungen zusammentreffen, und beim Eintritt von Freileitungen in Kraft- und Hilfswerke.

x) Wenn Leitungen über Ortschaften und bewohnte Grundstücke geführt werden, oder wenn sie sich einer Fahrstraße so weit nähern, daß Vorüberkommende durch Drahtbrüche gefährdet werden können, müssen die Leitungsdrähte entweder so hoch angebracht werden, daß im Falle eines Drahtbruchs die herabhängenden Enden mindestens 3 m vom Erdboden entfernt sind, oder es müssen Vorrichtungen angebracht werden, die das Herabfallen der Leitungen verhindern, oder solche, die die herabgefallenen Teile spannungslos machen.

Wo Bahnen überschritten werden, muß dafür gesorgt sein, daß bei etwaigen Drahtbrüchen die herabhängenden Enden die Betriebsmittel nicht streifen können.

y) Schutznetze müssen durch ihre Form und Lage den Leitungsdrähten gegenüber dahin wirken, daß erstens eine zufällige Berührung zwischen dem Netze und den unversehrten Leitungsdrähten verhindert wird und daß zweitens ein gebrochener Draht auch bei starkem Winde sicher aufgefangen oder spannungslos gemacht wird.

z) Bei Winkelpunkten sind Fangbügel anzubringen, die beim Bruch von Isolatoren das Herabfallen der Leitungen verhindern. Hiervon kann bei Verwendung zuverlässiger selbständiger Leitungskupplungen abgesehen werden.

aa) Wenn Freileitungen parallel mit anderen Leitungen verlaufen, ist die Führung der Drähte so einzurichten oder es sind solche Vorkehrungen zu treffen, daß eine Berührung der beiden Arten von Leitungen miteinander verhütet oder ungefährlich gemacht wird.

Bei Kreuzungen mit anderen Leitungen sind Schutznetze oder Schutzdrähte zu verwenden, sofern nicht durch besondere Hilfsmittel eine gegenseitige Berührung, auch im Falle eines Drahtbruchs, verhindert oder ungefährlich gemacht wird.

bb) Wenn Fernsprechleitungen an einem Freileitungsgestänge für Starkstrom von mehr als 250 Volt geführt sind, so müssen die Fernsprechstellen so eingerichtet sein, daß auch bei etwaiger Berührung zwischen den beiderseitigen Leitungen eine Gefahr für die Sprechenden ausgeschlossen ist.

cc) Bezüglich der Sicherung vorhandener Reichs-Fernsprech- und Telegraphenleitungen wird auf das Telegraphengesetz vom 6. April 1892 und auf das Telegraphenwegegesetz vom 18. Dezember 1899 verwiesen.

§ 28.

Luftweichen und Fahrdrahtkreuzungen.

a) Luftweichen müssen so eingerichtet sein, daß sich ein Stromabnehmer auch nach dem Entgleisen nicht festklemmen kann.

b) Luftweichen sind zu verankern. Es ist statthaft, Luftweichen gegeneinander zu verankern.

c) Fahrdrahtkreuzungen oder Kreuzungen der Stromleiter in Schlitzkanälen sind, falls die kreuzenden Stromleiter nicht in leitende Verbindung miteinander treten dürfen, so auszuführen, daß der Stromabnehmer im regelrechten Betrieb den kreuzenden Leiter nicht berührt.

§ 29.

Turmwagen und Gerüstleitern.

a) Turmwagen und Gerüstleitern müssen so eingerichtet sein, daß die Arbeiter während ihrer Beschäftigung an den Fahrdrähten von der Erde isoliert stehen.

b) Jeder Turmwagen muß mit einer Bremse versehen sein.

c) Die höchstzulässige Anzahl von Personen und das Gewicht, mit dem die Brücke des Turmwagens belastet werden darf, müssen angeschrieben sein.

d) Die Stehbühnen der Turmwagen sind mit Schutzvorrichtungen gegen Herabfallen der Arbeitenden zu versehen, soweit die Art der Arbeit dieses zuläßt.

e) Das Untergestell der Turmwagen muß so schwer oder derart belastet sein, daß ein Umkippen bei Arbeiten auf dem Ausleger sowie beim Spannen von Leitungen nicht eintreten kann, oder es muß die Sicherheit gegen Umkippen durch besondere Hilfsmittel erreicht werden.

§ 30.

Kabel.

Kabel sind unter Gleisen von Haupt- und Nebenbahnen in widerstandsfähigen Rohren oder Kanälen zu verlegen.

§ 31.

Schienenrückleitung.

a) Sofern die Schienen zur Rückleitung des Betriebsstromes dienen, müssen die Stöße gutleitend verbunden sein.

b) Bei Bahnen nach dem Gleichstrom-Zweileitersystem, deren Schienen als Rückleitungen dienen, ist, sofern kein täglicher Polaritätswechsel statfindet, der negative Pol der Stromquelle mit der Gleisanlage zu verbinden.

§ 32.

Unterirdische Fahrleitungen.

a) Die Schlitzkanäle für unterirdische Fahrleitungen sind gut zu entwässern.

b) Die Fahrleitungen sind so hoch über der Kanalsohle anzubringen, daß sie unter gewöhnlichen Verhältnissen von angesammeltem Wasser nicht berührt werden.

c) Wenn nicht besondere Arbeitsöffnungen für die Untersuchung und Auswechslung der Isolatoren und für die Auswechslung der Leitungsschienen vorgesehen sind, müssen die Schlitzkanäle nach oben freigelegt werden können.

E. Fahrzeuge.

§ 33.

Erdung.

Als genügende Erdung für Fahrzeuge gilt die leitende Verbindung mit den Radreifen durch das Untergestell.

§ 34.

Elektromotoren und Umformer.

Die Gestelle von zugänglich aufgestellten Elektromotoren, Transformatoren und Umformern müssen dauernd geerdet oder sie müssen gut isoliert und mit einem isolierenden Bedienungsgang umgeben sein. Durch die Art der Aufstellung muß dafür gesorgt sein, daß Personen auch bei Schleudern des Wagens nicht in Berührung mit blanken spannungführenden oder sich bewegenden Teilen gelangen können. Die Aufstellung ist derart auszuführen, daß etwaige im Betrieb auftretende Feuererscheinungen keine Entzündung von brennbaren Stoffen hervorrufen können.

§ 35.

Akkumulatoren.

a) Akkumulatorzellen elektrischer Fahrzeuge können auf Holz aufgestellt werden, wobei einmalige Isolierung durch nicht Feuchtigkeit anziehende Zwischenlagen ausreicht. Soweit nur unterwiesenes Personal in Betracht kommt, braucht die Möglichkeit, daß eine Person Teile verschiedener Spannung gleichzeitig berührt, nicht ausgeschlossen zu sein. Die Akkumulatoren dürfen den Fahrgästen nicht zugänglich sein. Es ist für ausreichende Lüftung zu sorgen.

b) Zelluloid ist zur Verwendung als Kästen und außerhalb des Elektrolyten unzulässig.

§ 36.

Leitungen.

a) Der Querschnitt aller Fahrstromleitungen ist nach der Normalstromstärke der vorgeschalteten Sicherung laut folgender Tabelle oder stärker zu bemessen:

Querschnitt in qmm	Normalstromstärke der Sicherung
4	30 A
6	40 „
10	60 „
16	80 „
25	100 „
35	130 „
50	165 „
70	200 „
95	235 „
120	275 „

Drähte für Bremsstrom sind mindestens von gleicher Stärke wie die Fahrstromleitungen zu wählen.

Der Querschnitt aller übrigen Leitungen ist nach der Tabelle in § 11 zu bemessen.

b) Blanke Leitungen sind zulässig, wenn sie sicher isoliert verlegt und gegen Berührung geschützt sind.

c) Isolierte Leitungen in Fahrzeugen müssen so geführt werden, daß ihre Isolierung nicht durch die Wärme benachbarter Widerstände oder Heizvorrichtungen gefährdet werden kann.

d) Alle festverlegten Leitungen sind derart anzubringen, daß sie nur unterwiesenem Personal zugänglich sind.

e) Die Verbindung der Fahr- und Bremsstromleitungen mit den Apparaten ist mittels gesicherter Schrauben oder durch Lötung auszuführen.

f) Nebeneinander verlaufende isolierte Fahrstromleitungen müssen entweder zu Mehrfachleitungen mit einer gemeinsamen wasserdichten Schutzhülle zusammengefaßt werden, derart, daß ein Verschieben und Reiben der Einzelleitungen vermieden wird; dabei ist die Isolierhülle an den Austrittstellen von Leitungen gegen Wasser abzudichten; oder die Leitungen sind getrennt zu verlegen und, wo sie Wände oder Fußböden durchsetzen, durch Isoliermittel so zu schützen, daß sie sich an diesen Stellen nicht durchscheuern können.

g) Bei Bahnen, bei denen die Fahrgäste auf der Strecke gefahrlos ins Freie gelangen können, dürfen in den Wagen isolierte Leitungen unmittelbar auf Holz verlegt und Holzleisten zur Verkleidung derselben benutzt werden.

h) Verbindungsleitungen zwischen Motorwagen und Anhängewagen sollen so ausgerüstet sein, daß Personen auch bei zufälliger Berührung keine Beschädigung erleiden können.

Bewegliche Kupplungsstücke sind so anzuordnen, daß sie beim Herausfallen stromlos werden, oder sie müssen so mit Isoliermaterial bekleidet sein, daß auch die ausgelösten Stecker beim etwaigen Niederfallen keine Beschädigung von Personen herbeiführen können.

i) Leitungen, die einer Verbiegung oder Verdrehung ausgesetzt sind, müssen aus leicht biegsamen Seilen hergestellt und, soweit sie isoliert sind, wetterbeständig hergerichtet sein.

k) In der Nachbarschaft von Metallteilen sind die Leitungen über der Isolierung noch besonders mit einer feuchtigkeitsbeständigen Hülle zu überziehen.

m) Rohre können zur Verlegung isolierter Leitungen in und auf Wänden, Decken und Fußböden verwendet werden, sofern sie die Leitungen gegen die Wirkungen von Feuchtigkeit und vor mechanischer Beschädigung schützen.

Sie können aus Metall oder feuchtigkeitsbeständigem Isolierstoff oder aus Metall mit isolierender Auskleidung bestehen.

n) Die Vorschriften in § 10 b—d sowie § 24 i—n gelten auch hier.

§ 37.

Schalttafeln.

Schalttafeln in oder an Fahrzeugen dürfen Holz nur als Konstruktionsmaterial enthalten.

§ 38.

Fahrschalter.

a) Auf jedem Führerstand ist ein Fahrschalter oder eine Einrichtung anzubringen, womit der Strom ein- und ausgeschaltet und die Geschwindigkeit geregelt werden kann.

b) Die Achsen und die metallischen Gehäuse, sowie die der Berührung ausgesetzten Teile der Fahrschalter müssen geerdet sein, sofern nicht die Plattformen vom Untergestell isoliert sind.

c) Die Kurbeln der Fahrschalter sind in der Weise abnehmbar anzubringen, daß das Abnehmen derselben nur in der

Haltestellung erfolgen kann, also nur, wenn der Fahrstrom ausgeschaltet ist. Bei Fahrschaltern mit Kurzschlußbremse darf die Fahrschaltkurbel, wenn sie nicht gleichzeitig Umschaltkurbel ist, auch in der letzten Kurzschlußbremsstellung abnehmbar sein. In diesem Falle muß jedoch die Umschaltkurbel so eingeschaltet bleiben, daß die Kurzschlußbremse bei der möglichen Bewegung des Fahrzeugs wirksam wird.

§ 39.

Sicherungen.

a) Jeder Motorwagen muß eine Hauptabschmelzsicherung oder einen selbsttätigen Ausschalter für die Elektromotoren haben. Akkumulatorleitungen und jede andere Leitung, die keinen Fahrstrom führt, müssen besonders gesichert sein.

b) Erdleitungen und vom Fahrstrom unabhängige Bremsleitungen dürfen keine Sicherungen enthalten.

§ 40.

Ausschalter.

a) Es muß ein von jeder Plattform aus bedienbarer Haupt- (Not-) Ausschalter vorhanden sein, der das Ausschalten des Fahrstromkreises unabhängig vom Fahrschalter gestattet. Der Notausschalter kann mit dem Höchststromausschalter verbunden sein.

b) Erdleitungen sowie vom Fahrstrom unabhängige Bremsstromkreise dürfen nur im Fahrschalter abschaltbar sein.

§ 41.

Blitzschutzvorrichtungen.

Die Motorwagen für Oberleitungsbetrieb sind mit Blitzschutzvorrichtungen zu versehen, die auch bei wiederholten atmosphärischen Entladungen wirksam bleiben und so einzurichten und anzubringen sind, daß sie weder Personen gefährden noch eine Feuersgefahr herbeiführen.

Die Erdleitung der Blitzableiter ist auf dem kürzesten Wege mit dem Untergestell zu verbinden.

§ 42.

Lampen.

Die unter Spannung stehenden Teile von Lampen nebst Zubehör müssen, soweit sie ohne besondere Hilfsmittel erreichbar sind, mit einer Schutzhülle aus Isoliermaterial versehen sein.

Zweiter Abschnitt.

Betriebsvorschriften.

§ 43.

Isolationsprüfungen.

Vor der Inbetriebsetzung jeder einzelnen Anlage sowie der Fahrzeuge ist die Isolation zu untersuchen; etwaige Fehler sind auszumerzen. Das Gleiche gilt für jede Erweiterung einer Anlage.

§ 44.

Regelmäßige Untersuchungen.

Zur dauernden Erhaltung des betriebssicheren Zustands sind die Kraft- und Hilfswerke mindestens alljährlich, die Leitungsanlagen mindestens halbjährlich, die Motorwagen mindestens alle 2 und die Anhängewagen mindestens alle 3 Jahre einer Hauptuntersuchung zu unterwerfen. Über diese Hauptuntersuchungen ist Buch zu führen.

§ 45.

Arbeiten im Betrieb.

a) Arbeiten im Betrieb dürfen nur durch unterwiesenes Personal und nur bei ausreichender Beleuchtung der Arbeitsstelle vorgenommen werden.

b) Bei Spannungen von mehr als 250 Volt darf an elektrischen Maschinen, an Apparaten und an Teilen des Leitungsnetzes mit Ausnahme der Fahrleitung im allgemeinen nur nach vorheriger Ausschaltung und einer unmittelbar an der Arbeitsstelle vorgenommenen Erdung und Kurzschließung der zur Stromleitung dienenden Teile gearbeitet werden. Zur Erdung und Kurzschließung dürfen Leitungen unter 10 qmm Querschnitt nicht verwendet werden.

c) Um die erforderlichen Abschaltungen mit Sicherheit vornehmen zu können, ist in jedem Kraftwerk und Hilfswerk ein schematischer Übersichtsplan niederzulegen, in dem die vorzunehmenden Ausschaltungen sowie erforderlichenfalls deren Reihenfolge bezeichnet sind.

d) Ist aus dringenden Betriebsrücksichten oder aus technischen Gründen eine Abschaltung desjenigen Teiles der Anlage, an dem selbst oder in dessen unmittelbarer Nähe gearbeitet werden soll, nicht möglich, so sind folgende Vorsichtsmaßregeln zu erfüllen:

1. Es soll niemals ein Arbeiter allein derartige Arbeiten ausführen, sondern es soll immer mindestens eine andere Person zum Zwecke etwaiger Hilfeleistung dabei gegenwärtig sein.
2. Für die Arbeiter sollen isolierende Unterlagen vorhanden sein.
3. Soweit es sich um Schalttafeln, Apparate usw. handelt, sollen nach Möglichkeit die ungeschützten unter Spannung stehenden Teile soweit abgedeckt werden, daß die zufällige gleichzeitige Berührung von Teilen verschiedener Polarität oder Phase für den Arbeitenden ausgeschlossen ist.

e) In explosionsgefährlichen oder durchtränkten Räumen dürfen Arbeiten an Spannung führenden Teilen unter keinen Umständen ausgeführt werden.

f) Die Vorschrift d 1. gilt auch für Arbeiten an Fahrdrähten.

g) Der Austausch durchgebrannter Sicherungen darf nur durch unterwiesenes Personal vorgenommen werden.

§ 46.

Löschmittel.

Zum Löschen eines etwa entstehenden Brandes sind in Kraft- und Hilfswerken geeignete Löschmittel, wie z. B. trockener Sand, an passenden Stellen bereit zu halten. Das Anspritzen von unter Spannung stehenden Teilen ist zu vermeiden.

§ 47.

Inkrafttreten der Vorschriften.

a) Die vorstehenden Bestimmungen gelten auf Grund des Beschlusses der Jahresversammlung zu Stuttgart vom 1. Oktober 1906 ab als Verbandsvorschriften.

b) Der „Verband Deutscher Elektrotechniker e. V.“ behält sich vor, dieselben den Fortschritten und Bedürfnissen der Technik entsprechend abzuändern.

---

2. Nachtrag zu den Bau- und Betriebsvorschriften für Straßenbahnen mit Maschinenbetrieb vom 26. September 1906[1]

— mit Gültigkeit vom 1. April 1914 ab. —

1. Im Inhaltsverzeichnis III C und in der Überschrift des Abschnittes III C ist hinter „Bestimmungen für . . . .“ einzuschalten „Lokomotiven und “.

2. Im § 33 Abs. 1 ist hinter „Bei . . .“ einzuschalten „Lokomotiven und“

3. Der § 65 (Dienstdauer und Dienstpläne) erhält folgende Fassung:

1. Die tägliche Dienstdauer (tatsächlich zu leistender Dienst) soll im monatlichen unter Einschließung der Ruhetage zu berechnenden Durchschnitt

für Führer nicht mehr als 10 Stunden,
für Schaffner und Bremser nicht mehr als 11 Stunden

betragen. In den Dienst sind dabei einzurechnen:

a) Pausen von geringerer Dauer als 30 Minuten,
b) die Dauer der Dienstbereitschaft (Reservedienst),
c) die Zeiten, in denen die Bediensteten vor Antritt des Dienstes zur Übernahme und nach Beendigung des Dienstes zur Abgabe der Geschäfte (Vorbereitungs- und Abschluß-dienst) in Anspruch genommen werden.

Bei Betriebsverhältnissen, die von den Aufsichtsbehörden als einfache anerkannt werden, kann die durchschnittliche tägliche Dienstdauer

für Führer bis zu 11 Stunden,
für Schaffner und Bremser bis zu 12 Stunden

betragen.

2. Die einzelne Dienstschicht darf unter keinen Umständen mehr als 16 Stunden betragen. Als Dienstschicht gilt der Zeitraum, der zwischen zwei Ruhezeiten liegt, die jede eine Dauer von mindestens 8 Stunden haben.

Schichten von mehr als 14 bis zu 16 Stunden sind nur zulässig, wenn der Dienst besonders einfach ist und keine angestrengte Tätigkeit erfordert. Dabei muß der Dienst durch eine längere Pause unterbrochen werden, die bei Schichten über 15 Stunden mindestens 4 Stunden zu betragen hat.

3. Jedem im Betriebsdienst ständig beschäftigten Bediensteten sind monatlich mindestens 2 Ruhetage zu gewähren. Als Ruhetag gilt eine Dienstbefreiung von mindestens 24 zusammenhängenden Stunden. Fällt nicht einer der Ruhetage auf einen Sonntag, so ist den Bediensteten mindestens einmal im Monat ausreichende Gelegenheit zum Besuch des Gottesdienstes zu geben.

[1]) Abgedruckt in der Zeitschrift für Kleinbahnen, 1906, S. 725 ff.

4. Über den Dienst des gesamten Betriebspersonals sind Dienstpläne aufzustellen, die eine genaue Nachprüfung ermöglichen, ob den vorstehenden Bestimmungen entsprochen ist. Die Pläne sind in den Diensträumen des Personals sichtbar auszuhängen oder auszulegen und den Aufsichtsbehörden auf Erfordern zur Einsicht vorzulegen.

Berlin, den 15. Januar 1914.

Der Minister der öffentlichen Arbeiten.

v. Breitenbach.

Kleine Mitteilungen.

Neuere Projekte, Vorarbeiten, Konzessionserteilungen, Betriebseröffnungen und Betriebsänderungen von Kleinbahnen.

1. Neuere Projekte.

1. Von Kotowietzko nach Gluski soll eine Kleinbahn unter Einbeziehung der jetzt bestehenden Privatanchlußbahn gebaut werden.

2. Das Unternehmen der Schlesischen Kleinbahn-Aktiengesellschaft in Kattowitz soll durch eine vollspurige, elektrisch für Personen- und Stückgutverkehr zu betreibende Kleinbahn von Kattowitz nach Idaweiche erweitert werden.

3. Die Gesellschaft für elektrische Hoch- und Untergrundbahnen in Berlin beabsichtigt, mit dem Bau einer Untergrundbahn von der Klosterstraße bis zur Frankfurter Allee vorzugehen. Die neue Untergrundbahn wird an die vorhandene unmittelbar anschließen.

4. Der Kreis Ostprignitz will eine vollspurige, mit Lokomotiven für Personen- und Güterverkehr zu betreibende Kleinbahn von Pritzwalk nach Freyenstein mit Abzweigung von Blesendorf nach Glienicke bauen.

5. Die Straßenbahn Merseburg—Mücheln soll durch eine schmalspurige, elektrisch für Personen- und Handgepäckverkehr zu betreibende Abzweigung von Frankleben nach Gr. Kayna erweitert werden.

6. Die Kleinbahn Gr.-Ilsede—Lengede soll durch eine vollspurige, mit Lokomotiven für Personen- und Güterverkehr zu betreibende Linie von Lengede nach Broistedt erweitert werden.

7. Das Straßenbahnunternehmen Horst—Gladbeck—Bottrop—Osterfeld soll durch eine schmalspurige, elektrische Straßenbahn für Personenverkehr von Gladbeck nach Kirchhellen erweitert werden.

8. Es soll eine vollspurige, elektrisch oder mit Lokomotiven für Personen- und Güterverkehr zu betreibende Kleinbahn von Huckingen nach Buchholz bis zur Grenze des Stadtkreises Duisburg bei Eichelskamp hergestellt werden.

2. Vorarbeiten.

Die Erlaubnis zur Vornahme von technischen Vorarbeiten ist erteilt worden:

1. Für eine elektrische Bahn niederer Ordnung von einem geeigneten Punkte am Stephanie-Schutzhause am Monte Maggiore-Sattel auf den Monte Maggiore. (Verordnungsblatt für Eisenbahnen und Schiffahrt Nr. 12 vom 27. Januar 1914, S. 97.)

2. Für eine schmalspurige, elektrische Bahn niederer Ordnung vom Vorplatze der Station Hofgastein nach einem geeigneten Punkt im Orte Hofgastein. (Verordnungsblatt für Eisenbahnen und Schiffahrt Nr. 18 vom 12. Februar 1914, S. 157.)

3. Für eine als Seil-Schwebebahn auszuführende Bahn niederer Ordnung von Lovrana auf den Monte Maggiore. (Verordnungsblatt für Eisenbahnen und Schiffahrt vom 19. Februar 1914, S. 173.)

4. Für schmalspurige Kleinbahnen von Laibach nach Unter-Schischka und von Laibach nach Gleinitz. (Verordnungsblatt für Eisenbahnen und Schiffahrt vom 19. Februar 1914, S. 173.)

5. Für Bahnen niederer Ordnung von der Station Semmering zum neuen Hochwege und von der Station Semmering auf den Sonnwendstein. (Verordnungsblatt für Eisenbahnen und Schiffahrt Nr. 22 vom 21. Februar 1914, S. 177.)

6. Für eine mit elektrischer Kraft zu betreibende Bahn niederer Ordnung von der Station Drohobycz in die Stadt Drohobycz. (Verordnungsblatt für Eisenbahnen und Schiffahrt vom 21. Februar 1914, S. 177.)

7. Für eine Bahn niederer Ordnung vom Kurparke in Baden bei Wien auf das Plateau des Rudolfshofes. (Verordnungsblatt für Eisenbahnen und Schiffahrt vom 21. Februar 1914, S. 178.)

8. Für eine vollspurige Lokalbahn mit Dampfbetrieb von Ráczkeve nach Makád. (Siehe Vasuti és Közlekedési Közlöny Nr. 16, 1914.)

9. Für eine schmalspurige Lokalbahn mit Dampfbetrieb von Havasalja im Tale des Baches Lazescsina in der Länge von etwa 9 km, ferner im Tale der Bäche Sztudena und Foreszek in der Länge von etwa 4 km. (Siehe Vasuti és Közlekedési Közlöny Nr. 16, 1914.)

3. Konzessionen

sind erteilt worden:

1. Der Westpreußischen Kleinbahnen-Aktien-Gesellschaft in Berlin für das von ihr erworbene, bisher der Allgemeinen Deutschen Kleinbahn-Gesellschaft in Berlin gehörige Neuteich-Ließauer Kleinbahnnetz.

adtgemeinde Köslin für eine der derung dienende Straßenbahn vom bis zum Gollen in Köslin, für örderung von Personen- und Stück- ende Kleinbahn von Köslin nach , für eine der Personen- und Güter- dienende Kleinbahn vom Staats- üdenhagen nach Großmöllen und für Beförderung von Personen und Gütern Kleinbahn von Großmöllen nach Nest. Bahnen sollen vollspurig sein und h betrieben werden. Die früheren Ge- ungen sind aufgehoben.

Der Stadtgemeinde Werder (Havel) für vollspurige Pferdebahn für Personenver- vom Bahnhof nach der Stadt Werder und Werder nach Glindow. Die frühere Ge- nigung ist aufgehoben.

4. Der Düsseldorf-Duisburger Kleinbahn- ellschaft m. b. H. in Kaiserswerth zur Ver- ngerung ihrer Straßenbahnlinie Duisburg— anheim-Angerhausen von der Kirche Wan- eim-Angerhausen bis zur Anger (Stadtgrenze Duisburg).

5. Der Stadtgemeinde Düsseldorf zur Verlängerung ihrer Straßenbahn durch die Oberbilker Allee von der Schmiedestraße bis zur Cölner Straße.

6. Der Stadtgemeinde Bonn zur Erweiterung ihres Straßenbahnunternehmens durch eine Linie vom Friedrichsplatz bis zur Endenicher Allee in Bonn.

Der Schweizer Bundesrat beantragt die Erteilung einer Konzession:

Für eine Schmalspurbahn von Erlach nach Landeron und von Landeron über Lignières nach Prêles. (Schweizerisches Bundesblatt Nr. 8 vom 25. Februar 1914, S. 305.)

In Frankreich sind als Bahnen von öffentlichem Nutzen erklärt worden:

1. Eine Lokalbahn von Douai nach Lallaing (Departement Nord). (Journal officiel Nr. 38 vom 8. Februar 1914, S. 1165.)

2. Lokalbahnen von Lille nach Armentières, von Lille nach Halluin und von Lille nach Wambrechies. (Journal officiel Nr. 38 vom 8. Februar 1914, S. 1169.)

4. Betriebseröffnungen und Betriebsänderungen.

A. In Preußen:

1	2	3	4	5	6	7	8	9
Lfde. No.	Bezeichnung der Kleinbahnstrecke	a) Eigentümer b) Betriebsunternehmer	Spurweite m	Unterliegt die Bahn den Verpflichtungen unter B der Ausführungsanweisung zu § 9 des Kleinbahngesetzes?	Betriebszweck	Anzahl der Wagenklassen für Personenbeförderung	Ist Beförderung von Pferden und Schlachtvieh möglich?	Tag der Betriebseröffnung oder Betriebsänderung
	I. Straßenbahnen.							
1	Gevelsberg (Strecke Markt — Berg.-Märk. Bhf.)	a u. b) Stadtgemeinde Gevelsberg u. Landgemeinden Mühlinghausen und Vörde	1,000	ja	Personen- und Gepäckverkehr	1	nein	20. Dezbr. 1913 Betrieb eröffnet
2	Crefelder Straßenbahnen (Strecke Oppumer Straße—Oberdießemer Straße)	a) Stadtgemeinde Crefeld b) Crefelder Straßenbahn, A.-G.	1,000	ja	Personenverkehr	1	nein	3. Februar 1914 Betrieb eröffnet
	II. Nebenbahnähnliche Kleinbahnen.							
3	Siegener Kreisbahn (Strecke Buschhütten —Langenau)	a u. b) Kreis Siegen	1,435	ja	Personen- und Güterverkehr	1	ja	27. Dezbr. 1913 Betrieb eröffnet

B. In anderen Staaten:

4. Am 29. Dezember 1913 die elektrische Schmalspurbahn Mett—Meinisberg.

5. Am 5. Februar 1914 die elektrische Lokalbahn Wien Großmarkthalle Landesbahn—Preßburg.

6. Am 16. Februar 1914 die Verbindungsstrecke Vineuil-Saint-Claude—Saint Dyé der elektrischen Straßenbahn Blois—Cléry.